JANGTU QIULING GOUHEQU KUQIAO ZHONGZHI
DUI TURANG DIDAN XIEPO DE XIANGYING

黄土丘陵沟壑区苦荞种植对土壤低氮胁迫的响应

陈 伟◎ 著

中国农业出版社
北　京

作者简介

陈伟，1987年生，辽宁省铁岭人，中国科学院沈阳应用生态研究所农学博士、生态学博士后，山西师范大学副教授、硕士研究生导师，丹麦奥尔堡大学国际教科文组织PBL中心访问学者，山西省水土保持协会理事，*Plos One*、*Water* 等期刊审稿人。主要从事土壤酶学、微生物学、土壤养分循环与水土保持的研究工作。主持国家自然科学基金1项，省部级基金4项；在国内外顶级学术期刊 *Plant and soil*、*European Journal of Soil Biology*、*Plos One*、光谱学与光谱分析、生态学报、土壤通报、水土保持研究、干旱地区农业研究、应用生态学报、自然资源学报等以第一作者和通讯作者发表学术论文20余篇，其中以第一作者发表SCI论文3篇。

内容简介

本书主要研究黄土丘陵沟壑区土壤低氮特征下不同基因型苦荞的耐瘠性机理，详细分析了不同生育时期苦荞根际土壤理化指标、土壤碳转化酶活性、土壤氮转化酶活性、土壤微生物活性及土壤有机酸的动态变化特征，为黄土丘陵沟壑区土壤养分贫瘠条件下苦荞的种植、养分管理提供理论依据。

全书共7章，主要为苦荞概况、土壤环境胁迫研究进展、研究区概况与试验设计、低氮胁迫下不同耐瘠性苦荞土壤碳转化酶活性、低氮胁迫下不同耐瘠性苦荞土壤氮转化酶活性、低氮胁迫下不同耐瘠性苦荞土壤氮转化微生物、低氮胁迫下不同耐瘠性苦荞土壤有机酸含量。

本书可为黄河中游地区农业特色化发展及种植提供决策参考，亦可作为土壤学、微生物学等领域的科研人员及相关大专院校师生的参考书目。

前　言

《黄河流域生态保护和高质量发展规划纲要》指出：立足黄河流域乡土特色和地域特点，根据各地区资源、要素禀赋和发展基础做强特色产业。而山西素有小杂粮之乡的美誉，遂立足山西发展现状，选取苦荞这一代表性杂粮作物为研究对象，在国家青年科学基金和山西省课题的支持下开展了一系列耐干旱、耐瘠性的研究工作，经年累月取得了一定的成果，现以文字的形式和大家分享部分完善的研究成果。

缺氮、少磷、钾充足是黄土高原瘠薄地区土壤养分含量的共同特点。苦荞因生育期短、耐瘠性好被广泛种植在黄土高原生态环境较严酷的地区，也是中西部经济相对落后地区的主要粮食作物、经济作物和避灾救荒作物，有着其他大宗作物无法替代的区位优势。有些地区没有种植苦荞，形成“人无粮、畜无草、家无钱”的局面，可见苦荞在构建中西部粮食安全和促进贫困地区社会发展中起着不可或缺的作用。此外，苦荞还具有医食同源的独特营养价值。有研究表明，食用苦荞产品具有降低血脂、血压、血糖、胆固醇和软化血管的作用，苦荞日益成为改善人民膳食结构的功能性食品原料，并逐步被世界认可。中国是世界上苦荞的销售大国，苦荞米茶、苦荞面粉等销往美国、韩国、瑞典、德国等，日本荞麦食品原料80%自中国进口。随着人们健康意识的提升与苦荞功能性价值的推广，近年来关于苦荞的研究大部分集中在地上部植株的养分价值、品种选育和逆境胁迫对苦荞化学成分及生理机能的影响等方面，然而关于不同耐瘠性苦荞对土壤低氮胁迫的响应机制鲜有报道。

前人的研究结果表明，作物品种间对养分的吸收存在差异性。苦荞遭遇养分胁迫时，根系可以通过增加有机酸的分泌量改变根际微环境来增强养分的吸收，但是不同氮源对苦荞根系分泌有机酸的量和种类有不同的影响。低氮胁迫条件下，苦荞的耐瘠性与土壤中的氮素之间存在怎样的关系？对此问题的回答，有助于丰富苦荞耐贫瘠的理论知识，为黄土高原瘠薄地区农田氮肥优化管理提供科学依据。

本书从苦荞植株的分布、起源和进化以及种植意义等方面介绍了苦荞的重要性，然后探讨在各种胁迫环境下土壤酶活性、微生物和有机酸含量的动态变化，之后对苦荞的耐瘠提出假设并且设计试验进行验证，涉及土壤碳转化酶、土壤氮转化酶、土壤氮转化微生物以及土壤有机酸方面的内容。本研究得到国家青年基金项目（41601317）不同耐瘠性苦荞对土壤低氮胁迫的响应机制资助。由于时间仓促，加之著者水平有限，书中难免有不妥之处，敬请读者批评指正。

2022年3月29日

目　录

1 苦荞概况

缺氮、少磷、钾充足是黄土高原瘠薄地区土壤养分含量的共同特点。苦荞因生育期短、耐瘠性好被广泛种植在黄土高原生态环境较严酷的地区，也是中西部经济相对落后地区的主要粮食作物、经济作物和救灾填闲作物，有着其他大宗作物无法替代的区位优势，苦荞在构建中西部地区粮食安全和促进贫困地区社会发展中起着不可或缺的作用。

1.1 苦荞的分布

苦荞喜阴湿冷凉环境，主要分布在亚洲、欧洲以及美洲一些国家的高山高原地域，在中国大多分布在西北、东北、华北及西南地区的云南、四川、贵州等丘陵和高寒山区，在山西主要分布在晋西北、晋北等地的丘陵山区。苦荞在我国种植面积达 40 万 hm^2，年产量为 60 万 ～ 65 万 t[1]，其种植面积和产量均居世界第一[2]。云南、四川、贵州一带是苦荞的现代分布中心和起源地之一，已经成为苦荞及其近缘种质资源研究和保护的关键地区[3]。

1.2 苦荞的种植意义

苦荞属蓼科，别名荞叶七、野兰荞、万年荞、菠麦、乌麦、花荞，是我国药食同源文化的典型代表。苦荞也是“五谷之王”和“三降食物”（降血压、降血糖、降血脂）。苦荞营养丰富，具有人体所需的多种营养成分，而且药用性能好，有通便、排毒的效果，在民间也被称为“净肠草”。苦荞还可以制作成苦荞茶，每天饮用对“三高”患者有辅助治疗的作用。

1.2.1 营养价值

苦荞营养丰富，富含淀粉、蛋白质、脂肪、膳食纤维等营养成分，还含有其他粮食作物所不具备的芦丁、槲皮素、γ-氨基丁酸和生物类黄酮等活性成分[4,5]。苦荞籽粒中蛋白质含量远远超过水稻、玉米、小麦等作物，还具有人体需要的几种氨基酸，而且容易被人体消化吸收。

(1) 蛋白质和氨基酸。苦荞蛋白是苦荞中的主要生物活性成分，由清蛋白、谷蛋白、醇溶蛋白以及球蛋白等物质组成，具有降低胆固醇、降低血糖以及抗衰老、抗疲劳、抗肿瘤等多种功效。苦荞蛋白与豆类植物蛋白相似，却与一般谷类作物蛋白有着较大的差异，如苦荞蛋白不具面筋性，且黏性相对较差。评价苦荞产品营养价值的一个主要指标就是其蛋白质含量，蛋白质含量越高，营养物质的含量也就越高[6]。针对苦荞蛋白进行分析，其中含有 18 种氨基酸，不仅含有 8 种必需氨基酸，还含有精氨酸和组氨酸 2 种非必需氨基酸。苦荞蛋白的氨基酸组成比例较为适宜，其中赖氨酸的含量和大豆接近。

(2) 油脂。苦荞中的油脂含量较高，在室温条件下，苦荞中的油脂呈固体状态，颜色为黄绿色，无明显气味，与一般的禾谷类作物有一定差异。苦荞中的油脂主要由亚油酸和油酸构成，这两种物质的含量不低于 70%。苦荞不仅能够为人体提供热量和亚油酸，同时还可以为人体供应脂溶性维生素[7]。亚油酸是人体所必需的一种脂肪酸，其主要价值在于可以预防动脉硬化和心血管疾病。除此之外，亚油酸能够在人体内形成花生四烯酸，具有软化血管、降低胆固醇、提高高密度脂蛋白的重要作用。另外，苦荞中还含有可以抑制黑色素形成的二羟基顺式肉桂酸，可预防老年斑和雀斑形成。

(3) 碳水化合物。苦荞中含有较多的淀粉，且以支链淀粉为主。苦荞中的一些淀粉物质与黄酮类物质结合后能够形成具有较低消化性的抗性淀粉，具有降低高血糖、血胆固醇及预防结肠癌和痔疮等多种疾病的重要作用[8]。苦荞中的膳食纤维约占籽粒的2.5%，远高于小麦面粉和大米的膳食纤维含量。人体适量补充苦荞膳食纤维，不仅可以平衡营养结构，还具有预防肥胖症、高血脂、冠心病、糖尿病等疾病的重要功效。

（4）维生素与矿物元素。苦荞中含有大量维生素，主要包括维生素 B_1、维生素 B_2 和维生素 B_6 等，还含有一定量的尼克酸和维生素 E。苦荞富含多种黄酮类营养物质、矿物元素、镁元素和锂元素等，具有舒张血管、促进人体代谢的作用。苦荞中还含有其他谷类作物不具有的有机硒元素，硒是人体所必需的一种微量元素，并且是世界卫生组织公认的一种具有抗癌防癌作用的元素。人体缺硒会使重要器官机能失调，而苦荞产品可作为摄取硒元素的主要来源[9]。

1.2.2 药用价值

苦荞除了是营养含量比较丰富的粮食作物外，还具有极高药用价值。李时珍所著的《本草纲目》中有关于苦荞的记载，描述苦荞味道虽苦，但却能益气力、续精神，实肠胃、利耳目。苦荞还具有降气宽肠、磨积滞、消热肿、除脾积泄泻等作用。研究表明，苦荞含有其他许多作物所不含的黄酮类化合物。生物类黄酮具有多方面的生理活性，它能保持毛细血管正常的抵抗力，不仅可以降低血压、血脂，还可以止咳、平喘、祛痰等。近年来，随着人们生活水平的提高，人们更偏好绿色无污染、营养价值高的食用品，并且对于食品的药疗作用非常重视。苦荞适口性良好并且具有保健肠胃的功能，其营养丰富的食用价值和较高的药用价值，使得苦荞越来越受到人们的重视和欢迎，市场上销售的各种各样的苦荞类食品也越来越多，主要有：苦荞茶、苦荞醋、苦荞面、苦荞米、苦荞营养粉、苦荞通心粉、苦荞食疗酒等。

（1）防治高血压、冠心病。高血压可并发冠心病，血压升高常诱发心绞痛、急性心肌梗死，甚至导致死亡。高胆固醇也会引起冠心病，甚至有可能导致脑血栓。而苦荞能抑制人体内氧化应激反应，降低人体血压值[10]。

（2）防治糖尿病。糖尿病是一种代谢性疾病，它的特征是患者的血糖长期高于标准值，如果不加以治疗，则会引发糖尿病、心血管疾病、中风、慢性肾脏病等严重并发症。近年来，诸多学者在动物试验和临床试验方面均已验证了苦荞具有降血糖、降血脂的功效。在临床试验中对Ⅱ型糖尿病患者应用上显示，患者食用苦荞4周后，其体内的空腹胰岛素、总胆固醇和低密度脂蛋白胆固醇的含量均有所降低，体内的尿白蛋白肌酐比值和尿素氮显著降低，说明苦荞对防治糖尿病和肾功能障碍具有积极的作用[11]。

（3）抗癌和抗肿瘤。苦荞的抗癌和抗肿瘤作用也受到全球医学界的关注。苦荞麸皮的游离酚提取物对人体乳腺癌 MDA - MB - 231 细胞具有抗性活性，因此苦荞是一种可抗癌、抗肿瘤的食品[12]。

（4）苦荞具有一定的抗疲劳和降体重作用。例如，苦荞通过降低血清肌酸激酶水平来改善肌肉损伤，通过增加肝糖原含量改善小鼠内源性细胞抗氧化酶，激活能量代谢。此外，苦荞还具有降低体重的作用。Nishimura 等把 144 名成年受试者随机分配到苦荞食用组和安慰剂食物对照组，发现苦荞食用组的受试者在第 4 周时体脂百分比比安慰剂食物对照组的受试者要低，进一步研究发现苦荞的强抗氧化性是受试者体重降低的原因[13]。

1.2.3 经济价值

（1）面制品。一是苦荞面。面条起源于我国，历史悠久，被视为我国特别是北方的传统食品之一。随着生活水平的不断提高，人们对面条的营养、品质、食用方便性等方面的要求也随之提高，进而促进了人们对苦荞面的研究。苦荞加工成方便面后其营养价值能得到较好的保留[14]。伴随着社会经济的发展和生活节奏的加快，苦荞方便面由于具有快速充饥、营养丰富等优点，已越来越受到广大人民的欢迎[15]。二是苦荞面包、蛋糕。随着社会生产力的发展，人们的生活节奏也随之加快，即食性面包、馒头成了众多上班族的首选早餐。有研究表明，馒头苦荞粉的最适宜添加量为8%，苦荞馒头的黄酮含量、抗氧化能力等均显著高于小麦馒头，而血糖生成指数则明显比小麦馒头低。三是苦荞饼干。因口感松脆、便于携带而受到广大消费者的欢迎。随着生活水平的提高，人们对饼干的品质和营养要求也随之增高。有研究报道，一种苦荞饼干的最佳配方，即苦荞粉∶小麦粉∶油脂∶水＝30∶70∶8∶34[15]。这些研究丰富了苦荞饼干的加工方法，促进了苦荞产品的开发利用。

（2）饮品。在当今食品市场上，饮品属于食品的一个小部分，却扮演着举足轻重的角色。一是苦荞酒。据历史记载，谷物造酒是我国最早的生产饮品。经过科研人员对苦荞酒的不断深入研究，苦荞酒的种类也在逐步增加。例如，苦荞红曲酒通过红曲霉固态培养荞麦的方式制曲，继而加入适量的水将其转入液态发酵产酒，为了掩盖苦荞的苦味，向其中加入大米根霉曲糖化液，使酒体拥有独特的酯香风味。以苦荞为生产辅料的苦荞啤酒，泡沫洁白而细腻、口味清爽而醇和、苦荞香味突出，弥补了传统啤酒种类风味单一的不足，丰富了啤酒的种类。二是苦荞茶。茶作为待客常用的饮品，具有消炎解毒、清神、明目、利尿等保健功效。苦荞加工成苦荞茶后，会散发出怡人的麦香，清爽醇厚、风味独特。选取苦荞籽粒破碎物作为试验原料，通过粉碎、烘烤、包装等加工程序，生产出了一种茶汤清冽、能散发出浓郁焙烤香味和苦荞香味的新型苦荞茶。三是苦荞乳饮料。乳饮料凭借着口味丰富、易于吸收、营养价值高等优势在软饮料行业中独树一帜。徐素云等选取核桃粕、苦荞粉作为试验的主要原料，生产出了一种风味独特、营养丰富的乳饮料，并且优化了苦荞低脂低糖核桃乳饮料的工艺[16]。

（3）调味品。我国有句俗语说："开门七件事，柴米油盐酱醋茶"，由此看出调味品在人们的日常生活中占有极其重要的地位。随着社会的发展和生活水平的提高，人们对调味品的品质、功效有了更高的要求。苦荞通过深加工，使得苦荞的保健功能与调味品的功效得到了完美结合，受到了广大消费者的喜爱。苦荞通过酒精发酵、醋酸发酵及后期调制，可以研制出具有抗氧化等多种保健功效的苦荞醋[17]。

（4）饲料。苦荞不仅具有良好的营养价值、食用价值和药用价值，而且也是一种很好的饲料作物。苦荞籽粒、碎粒、皮壳、秸秆和青贮都可以喂给家畜，碎粒、米糠和皮壳被广泛用于家畜饲料。苦荞碎粒是珍贵饲料，用其饲喂家禽可提高产蛋率，也能加快鸡的生长速度；饲喂奶牛可以提高牛奶的产量和品质；饲喂猪可以提高肉质。苦荞的生长期比其他饲料作物短，其青体、干草和青贮均有较高的营养价值。

（5）苦荞还具有去污和护肤作用，是去污剂和化妆品的良好原料。国内外已经开发了多种洗涤剂、化妆品和护肤品。苦荞麸皮是人们经常使用的枕头填充物，长期使用有清热、明目、安眠的作用。苦荞皮壳的成分中，碳酸钾的含量约占45%，是提取碳酸钾的良好原料。苦荞作为我国传统的出口商品，已有较久的历史，我国苦荞在国际市场享有盛名[18]。随着苦荞营养成分和药用成分研究的逐步深入，人们越来越青睐苦荞产品。

1.2.4 耐瘠性价值

苦荞的综合耐瘠能力较强，但不同品种或同品种不同基因型之间的耐瘠性差异显著[19]。有研究表明，低氮胁迫下耐低氮苦荞品种具有明显的生长优势，能够保持完整良好的根系形态，根系更长以增加养分的吸收范围，根际土壤酶的活性更高，渗透调节物质的含量会增多，且根系活力以及叶片光合效率等受影响程度较小，可以提高植株对氮素的吸收利用率[20]。张楚等通过对不同苦荞品种的株高、茎粗、叶面积、根冠比、根长、叶绿素含量、最大荧光参数、根系活力及氮素利用效率等多种指标进行比较研究后发现，迪庆苦荞具有较强的耐低氮特性[21]。

苦荞的生育周期较短，自花授粉结实率高，耐冷凉、瘠薄能力较强，环境适应性较好，在我国黄土高原地区具有明显的区位优势和生产优势[22]，开发利用前景非常广阔。在山西省的实际生产中，苦荞常常种植在土地贫瘠的山坡或被视作填闲作物，产量偏低，且存在育种手段落后、基础研究薄弱等问题。陆大雷等发现，植物体内所积累氮的利用效率差异导致了作物在低氮环境中氮效率差异，作物体内的氮素积累和分配也因生长阶段的不同而差异显著[23,24]。苦荞的研究内容主要集中在营养与药用价值[25]、种质资源与农艺性状[19]、功能特性与栽培技术[26]以及水分和矿质元素、光照、温度对其生理特性与品质的影响等方面[21]，关于苦荞对逆境响应的研究较少，且研究深度远不及玉米、水稻等作物，而关于苦荞耐低氮能力的品种筛选及其生理适应机制更是鲜有报道。

苦荞有较强的适应性，对土壤、温度等要求不是很严格，适合在无霜期短的地方种植。苦荞不仅能够适应恶劣的自然环境，遇上灾荒年月还可以及时补种救灾。虽然苦荞单产不及高粱、玉米，但优势在于生长期短，一般种后1～2d就开始发芽，3～5d就开始出苗，所以有“麻三谷六，菜子一宿，老乔恼了，翻身就出”的农谚。苦荞出苗25d后就开始开花结实，一轮生长下来，苦荞从播种到收获只要70～90d，而早熟品种播下两个多月后就可收获。我国每年都有地区不同程度地遭受旱、涝等灾害，若是补种水稻、玉米等作物，生长周期不够，难以达到救急功效，而补种苦荞是最经济的选择，尤其是在北方旱情严重的地区，大田作物生长受到严重影响，及时补种苦荞便可抢回一茬粮食，从而避免颗粒无收，所以苦荞当之无愧为救灾度荒的理想作物[27]。

参考文献

[1] 吴韬，肖丽，李伟丽．苦荞的营养与功能成分研究进展［J］．西华大学学报：自然科学版，2021，40（2）：91－96.

[2] 任潘，闫旭宇，李娟，等．苦荞研究文献计量分析［J］．园艺与种苗，2020，40（11）：44－46.

[3] 赵佐成，周明德，王中仁，等．中国苦荞麦及其近缘种的遗传多样性研究［J］．遗传学报，2002，29（8）：723－734.

[4] 时小东，肖含磊，彭镰心，等．我国富硒苦荞研究进展［J］．食品工业，2020，41（10）：255－257.

[5] 陈曦．苦荞功能成分研究文献综述［J］．食品安全导刊，2018（33）：162.

[6] 阮池茵．农业产业化发展与凉山彝族农民的贫穷：对凉山州苦荞产业发展的考察［J］．开放时代，2017（2）：206－223.

[7] 温茜茜．绿色发展视角下我国民族特色产业转型对策探究［J］．贵州民族研究，2017，38（1）：181－185.

[8] 熊德珍，毛金祥．浅析我国苦荞资源的前景［J］．农业科技与信息，2016（11）：21.

[9] 勾秋芬．苦荞产品的研发进展［J］．现代食品，2018（21）：22－23.

[10] 何伟俊，曾荣，白永亮，等．苦荞麦的营养价值及开发利用研究进展［J］．农产品加工，2019（12）：69－75.

[11] Qiu J，Li Z，Qin Y，et al. Protective effect of tartary buckwheat on renal function in type 2 diabetics：a randomized controlled trial［J］. Therapeutics and Clinical Risk Management，2016，12：1721－1727.

[12] Li F，Zhang X，Li Y，et al. Phenolics extracted from tartary（*Fagopyrum tartaricum* L. Gaerth）buckwheat bran exhibit antioxidant activity，and an antiproliferative effect on human breast cancer MDA－MB－231 cells through the p38/MAP kinase pathway［J］. Food and Function，2017，8（1）：177－188.

[13] Nishimura M，Kohno A，Steen J，et al. Conceptualization of a good end-of-life experience with dementia in Japan：a qualitative study［J］. International Psychogeriatrics，2019，32（2）：1－11.

[14] 刘森．苦荞麦方便面中功能成分及加工品质研究［J］．山西农业科学 2014，42（10）：1129.

[15] 陈慧，李建婷，秦丹．苦荞的保健功效及开发利用研究进展［J］．农产品加工，2016（8）：63－66.

[16] 徐素云，罗昱，姚敏，等．苦荞低脂低糖核桃乳饮料的工艺优化［J］．食品与发酵工业，2014，40（7）：246－250.

[17] 李云龙，胡俊君，李红梅，等．苦荞醋生料发酵过程中主要功能成分的变化规律［J］．食品工业科技，2011（12）：218－225.

[18] 李艳梅，杨斯惠，李蓉，等．我国苦荞加工利用研究进展［J］．安徽农

学通报，2019，25（5）：104-108.
[19] 路之娟，张永清，张楚，等．不同基因型苦荞苗期抗旱性综合评价及指标筛选［J］．中国农业科学，2017，50（17）：3311-3322.
[20] 张楚，张永清，路之娟，等．低氮胁迫对不同苦荞品种苗期生长和根系生理特征的影响［J］．西北植物学报，2017，7：1331-1339.
[21] 张楚，张永清，路之娟，等．苗期耐低氮基因型苦荞的筛选及其评价指标［J］．作物学报，2017，43（8）：1205-1215.
[22] 张雄，王立祥，柴岩，等．小杂粮生产可持续发展探讨［J］．中国农业科学，2003，36（12）：1595-1598.
[23] 陆大雷，刘小兵，赵久然，等．甜玉米氮素积累和分配的基因型差异［J］．植物营养与肥料学报，2008，14（5）：852-857.
[24] 赵化田，王瑞芳，许云峰，等．小麦苗期耐低氮基因型的筛选与评价［J］．中国生态农业学报，2011，5：1199-1204.
[25] 田秀红，任涛．苦荞麦的营养保健作用与开发利用［J］．中国食物与营养，2007（10）：44-46.
[26] 李春花，王艳青，卢文洁，等．种植密度对‘云荞1号’产量及相关性状的影响［J］．中国农学通报，2015，31（9）：128-131.
[27] 陈伟，崔亚茹，杨洋，等．苦荞根系分泌有机酸对低氮胁迫的响应机制［J］．土壤通报，2019，50（1）：149-156.

2 土壤环境胁迫研究进展

2.1 低氮胁迫下土壤酶对环境的响应特征

土壤中大分子聚合物不能被微生物直接利用，所以胞外酶催化有机物生成无机物的过程被认为对微生物吸收养分至关重要[1]，酶的活性可以反映土壤中养分的可用性[2]。Chen 等[3]研究表明，和对照相比，在臭氧浓度升高条件下小麦成熟期根际土壤中对 NH_4^+ 和 NO_3^- 含量调控起主导作用的是硝化酶，而不是氨氧化方古菌（AOA）和氨氧化细菌（AOB）。缺磷胁迫下苦荞分泌的酸性磷酸酶可以显著提高磷的有效性，在苦荞连作多年的土壤（氮、磷、钾等养分均下降）中，土壤脲酶活性随着苦荞生育时期表现出先下降后上升的趋势。脲酶可以迅速将尿素态氮分解为矿质态氮素，为硝化作用提供底物。土壤酶活性受底物和产物浓度影响，NH_4^+ 和 NO_3^- 分别是硝化酶的底物和产物，高浓度产物会抑制酶活性，相反低浓度产物会促进酶活性。铵氧化酶参与硝化反应第一步，被认为是硝化作用的限速步骤。那么在黄土高原低氮且偏碱性的土壤中，硝化酶和铵氧化酶对土壤中氮素的调节将起到非常重要的作用。

2.2 低氮胁迫下微生物对环境的响应特征

土壤中的微生物 AOA 和 AOB 含有 *amoA* 基因，参与土壤硝化过程的氨氧化步骤，并且受 pH 的影响。有研究表明，AOB 适宜生长的 pH 范围是 7.0～8.5，AOA 适宜生长的 pH 范围较广，为 2.5～8.7[4]。当土壤中氮素以 NH_4^+ 的形态被吸收时，引起阳离子/阴离子吸收比率大于 1，为保持电荷平衡，H^+ 被排放到土壤中引起根际 pH 下降；当土壤中氮素以 NO_3^- 的形态被吸收时，引起阳离子/阴离子吸收比率小于 1，根系 OH^- 被释放到土壤中引起根际 pH 上升[5]，同时释放大量的有机酸阴离子。植物可以通过对土壤中 NH_4^+ 和 NO_3^- 选择性吸收改变根际土壤的 pH，而 pH 能够改变土壤中氨（NH_3）的存在状态，对土壤硝化作用的底物产生影响，进而影响微生物的活性、种类和丰度[6]。有学者研究表明，在酸性或者弱酸性、无大量外源无机氮肥添加的土壤上，AOA 的 Group1.1a 在土壤硝化作用中起主导作用，但是在中性或者偏碱性、富含氮或者大量外源无机氮肥添加的土壤中，AOA 的 Group1.1b 或者 AOB 主导硝化作用。通过系统发育树分析显示，AOA 的 *amoA* 基因比 AOB 多且重叠和相似性较小[7]，说明通过对这两种微生物基因的测定，可以得到关于土壤硝化进程的丰富信息。山西黄土高原土壤多偏碱性且氮素贫瘠，对黄土高原旱地土壤不同氮肥处理条件下小麦根际土壤进行研究发现，硝化作用差异显著，而且土壤微生物群落包括硝化微生物在内均有季节性[8]。苦荞根系分泌物酚酸对土壤中微生物有一定的抑制作用，可减少微生物对生长介质的消耗。那么氮素胁迫下不同耐氮性苦荞根际土壤中参与硝化进程的氨氧化微生物的响应过程将对苦荞的耐低氮胁迫起到重要作用。

2.3 低氮胁迫下有机酸对环境的响应特征

面对养分胁迫时，根系分泌物的成分和数量会发生急剧变化以适应环境。缺磷时白羽扇豆根系苹果酸和柠檬酸分泌量增加[9]，缺铁和磷时禾本科植物根系分泌更多的麦根酸[10]，缺锌胁迫改变豆科作物根系分泌物中糖、氨基酸和有机酸的比例[11]，铝胁迫下一些植物可以分泌大量的柠檬酸和苹果酸[12]。有研究表明，苦荞根系分泌物中也含有大量有机酸、酚、烃等物质[13]，与其他氮源如 NH_4^+ 相比，以 NO_3^- 为氮源培养的苦荞根系可以更快速高效地分泌草酸，并且叶片中苹果酸、柠檬酸和氧化型抗坏血酸含量均较高[14]。植物在选择氮素吸收形态时会改变根际土壤微环境从而影响其他养分吸收利用。吸收 NH_4^+ 会抑制 K、Ca、Mg、Zn 的吸收，增加 P 的吸收；吸收 NO_3^- 会促进 K、Ca、Mg 的吸收，抑制 P 的吸收[15]。有研究结果显示，苦荞整个生育期 N∶P∶K 的比例相对稳定，基本保持在 1∶(0.36～0.45)∶1.76，并且增施磷钾肥可以提高苦荞的产量。推断苦荞对低氮胁迫下的响应机制可能与其对氮素形态的选择偏好有关。硝化作用可以调节土壤中植物所需矿质氮（NH_4^+ 和 NO_3^-）的可用性与土壤氮库平衡[16]。苦荞作为贫瘠地、轮荒地、新垦地上的先锋作物，耐低氮特点可能与土壤中的硝化作用有关，从而导致不同耐瘠性苦荞品种根际土壤中 NH_4^+ 和 NO_3^- 含量出现差异，从养分循环角度抵抗外界的低氮胁迫环境。

面对逆境时，植物种类的差异会影响有机酸的分泌种类和数量。如随着燕麦的生长，根系分泌有机酸的总量会随之减少，缺氮条件下其根系分泌的有机酸总量显著高于供氮处理。在水稻上的研究表明，水稻在结实期根系衰老，根系活力及分泌物质的能力下降，使得分泌的有机酸等物质均下降，但是氮素不足时水稻结实期苹果酸、琥珀酸及有机酸分泌总量增加，而高氮下根系活力反而降低，有机酸的含量也随之降低[17]。每种作物都有自己的氮源选择偏好，从而也造成了根系分泌物的差异化。当供应的氮素浓度不足时，大豆根系分泌物中可以检测到柠檬酸；而当氮素供给充足时，反而检测不到柠檬酸。另外，有研究表明，氮素形态不同，根系分泌有机酸的数量和种类都不同。硝酸盐会诱导植株体内碳氮代谢的变化，同时会促进有机酸的形成，NO_3^- 作为信号可诱导根系有机酸的分泌[18]。对于半夏植株的生长，施用单一形态的氮素不如施用多种形态配比氮素效果好，较高比例的铵态氮更有利于有机酸的累积；供应铵态氮肥会对不同植物的有机酸产生不同的影响[19,20]，其中菠菜根系中有机酸的含量会降低，而豌豆根系中有机酸的含量会增高。

大量研究表明，根系分泌有机酸对提高土壤养分有效性、调节植物对不良环境的抗性、促进植物物质循环和能量流动等发挥着非常重要的作用。钾利用高效型的籽粒苋较其他品种而言，其根系会分泌较多的草酸，而草酸对含钾矿物质具有显著的解钾能力[21]。另外，不同种类的有机酸在缓解胁迫压力时的作用有所差异。例如，有人发现草酸活化土壤磷的能力最强，其次分别是柠檬酸、苹果酸和酒石酸[22]。白羽扇豆在缺磷胁迫下根系会分泌大量的柠檬酸，其原理是根系分泌物中的有机酸类物质可以通过电离 H^+ 或通过配对交换及还原作用等，活化或转换土壤中的难溶性养分，从而提高土壤的养分利用效率[17]。

有机酸会为根际土壤微生物提供碳源，并且会提高土壤中一些酶的活性，以此促进土壤中有机物质的分解及矿化，达到释放有效养分的作用。微量的金属离子是植物生长过程中必需的养分元素，但是随着土壤遭受重金属污染日益严峻，植物吸收过量的重金属离子会影响正常发育，但是根系分泌的有机酸、糖类、氨基酸和蛋白质等有机物质可以与金属离子通过螯合、络合等作用形成比较稳定的金属螯合物，将金属离子的活性降低，甚至可以通过吸附沉淀等将金属污染物排出根外防止毒害[23]。有研究表明，在铝胁迫下植株可诱导根系分泌甲酸、苹果酸、乳酸、乙酸、草酸等[23,24]，在生物酶的作用[25,26]下，这些有机酸会与铝离子结合形成稳定络合物，从而减轻铝离子对植物的毒害。苦荞对 UV-B 辐射有一定的耐受能力[27]，适当的辐射可促进苦荞芦丁含量增加，增强植物体抗氧化、抵御疾病的能力。苦荞面对水分胁迫时能通过调节自身的保护酶系统和渗透调节系统较好地应对干旱环境，例如增强叶片的过氧化物酶（POD）活性，提高脯氨酸含量和蛋白质含量等[28]。

参考文献

[1] 王佳，陈伟，张强，等．低氮胁迫对不同耐瘠性苦荞土壤氮转化酶活性

的影响［J］．水土保持研究，2021，28（5）：47－53.
［2］陈伟，杨洋，崔亚茹，等．低氮对苦荞苗期土壤碳转化酶活性的影响［J］．干旱地区农业研究，2019，37（4）：132－138.
［3］Chen W，Zhang L，Li X，et al. Elevated ozone increases nitrifying and denitrifying enzyme activities in the rhizosphere of wheat after 5 years of fumigation［J］. Plant and Soil，2015，392（1－2）：279－288.
［4］Hu H W，Zhang L M，Dai Y，et al. pH-dependent distribution of soil ammonia oxidizers across a large geographical scale as revealed by high-throughput pyrosequencing［J］. Journal of Soils and Sediments，2013，13（8）：1439－1449.
［5］Knoepp J D，Turner D P，Tingey D T. Effects of ammonium and nitrate on nutrient uptake and activity of nitrogen assimilating enzymes in western hemlock［J］. Forest Ecology and Management，1993，59（3－4）：179－191.
［6］Ellis S，Howe M T，Goulding K W T，et al. Carbon and nitrogen dynamics in a grassland soil with varying pH：effect of pH on the denitrification potential and dynamics of the reduction enzymes［J］. Soil Biology and Biochemistry，1998，30（3）：359－367.
［7］Francis C A，Santoro A E，Oakley B B，et al. Ubiquity and diversity of ammonia-oxidizing archaea in water columns and sediments of the ocean［J］. Proceedings of the National Academy of Sciences of the United States of America，2005，102：14683－14688.
［8］Wolsing M，Priemé A. Observation of high seasonal variation in community structure of denitrifying bacteria in arable soil receiving artificial fertilizer and cattle manure by determining T-RFLP of nir gene fragments［J］. Fems Microbiology Ecology，2004，48（2）：261－271.
［9］Lipton D S，Blevins B D G. Citrate，malate，and succinate concentration in exudates from P-sufficient and P-stressed *Medicago sativa* L. seedlings［J］. Plant Physiology，1987，85（2）：315－317.
［10］Shi W M，Chino M，Youssef R A，et al. The occurrence of mugineic acid in the rhizosphere soil of barley plant［J］. Soil Science and Plant Nutrition，1988，34（4）：585－592.
［11］Ohwaki Y，Hirata H. Differences in carboxylic acid exudation among P-starved leguminous crops in relation to carboxylic acid contents in plant

tissues and phospholipid level in roots [J]. Soil Science and Plant Nutrition, 1992, 38 (2): 235-243.
[12] Delhaize E, Ryan P R, Randall P J, et al. Aluminum tolerance in wheat (*Triticum aestivum* L.): II. aluminum-stimulated excretion of malic acid from root apices [J]. Plant Physiology, 1993 (103): 695-702.
[13] 赵涛，高小丽，高扬，等. 轮作及连作条件下荞麦功能叶片衰老特性的比较 [J]. 西北农业学报，2015，24 (11): 87-94.
[14] 刘拥海，俞乐，彭新湘. 不同氮素形态培养下荞麦叶片中草酸积累的变化 [J]. 广西植物，2007，27 (4): 616-621.
[15] Ruan J, Zhang F, Ming H W. Effect of nitrogen form and phosphorus source on the growth, nutrient uptake and rhizosphere soil property of *Camellia sinensis* L [J]. Plant and Soil, 2000, 223 (1): 65-73.
[16] Aragosa C D. Factors influencing nitrification and denitrification variability in a natural and fire-disturbed Mediterranean shrubland [J]. Biology and Fertility of Soils, 2002 (36): 418-425.
[17] 徐国伟，李帅，赵永芳，等. 秸秆还田与施氮对水稻根系分泌物及氮素利用的影响研究 [J]. 草业学报，2014，23 (2): 140-146.
[18] 李灿雯，王康才，吴健，等. 氮素形态对半夏生长及生物碱和总有机酸累积的影响 [J]. 植物营养与肥料学报，2012，18 (1): 256-260.
[19] Lasa B, Frechilla S, Aparicio-Tejo P M, et al. Alternative pathway respiration is associated with ammonium ion sensitivity in spinach and pea plants [J]. Plant Growth Regulation, 2002, 37 (1): 49-55.
[20] Dinkelaker B, Rmheld V, Marschner H. Citric acid excretion and precipitation of calcium citrate in the rhizosphere of white lupin (*Lupinus albus* L.) [J]. Plant Cell and Environment, 2010, 12 (3): 285-292.
[21] 涂书新，郭智芬，孙锦荷. 富钾植物籽粒苋根系分泌物及其矿物释钾作用的研究 [J]. 核农学报，1999，13 (5): 305-311.
[22] 陆文龙，王敬国. 低分子量有机酸对土壤磷释放动力学的影响 [J]. 土壤学报，1998，35 (4): 493-500.
[23] 赵宽，周葆华，马万征，等. 不同环境胁迫对根系分泌有机酸的影响研究进展 [J]. 土壤，2016，48 (2): 235-240.
[24] 钱莲文，李清彪，孙境蔚，等. 铝胁迫下常绿杨根系有机酸和氨基酸的分泌 [J]. 厦门大学学报：自然科学版，2018，57 (2): 221-227.

[25] Koeppe D E, Southwick L M, Bittell J E. The relationship of tissue chlorogenic acid concentrations and leaching of phenolics from sunflowers grown under varying phosphate nutrient conditions [J]. Canadian Journal of Botany, 1975, 54 (7): 593-599.

[26] Mori S, Nishizawa N, Kawai S, et al. Dynamic state of mugineic acid and analogous phytosiderophores in Fe-deficient barley [J]. Journal of Plant Nutrition, 1989, 10 (9-16): 1003-1011.

[27] Suzuki T, Honda Y, Mukasa Y. Effects of UV-B radiation, cold and desiccation stress on rutin concentration and rutin glucosidase activity in tartary buckwheat (*Fagopyrum tataricum*) leaves [J]. Plant Science, 2005, 168 (5): 1303-1307.

[28] 陈鹏，张德玖，李玉红，等．水分胁迫对苦荞幼苗生理生化特性的影响[J]．西北农业学报，2008，17 (5)：204-207.

3 研究区概况与试验设计

3.1 研究区概况

3.1.1 自然概况

乡宁县冯家沟水土保持监测站位于乡宁县城西南 3.0 km 的冯家沟村上游，是典型的黄土残垣沟壑区，属黄河一级支流、鄂河一级支沟。流域总面积 0.86 km^2。海拔最高处 1 136.2 m、最低处 941.2 m，相对高差 195 m。地理位置介于东经 110°47′—110°48′，北纬 35°58′—36°58′之间。

3.1.2 地形、地貌

冯家沟小流域属于黄土残垣沟壑区地貌，地势西北高东南低，冲沟发育，流域内地貌单元主要为剥蚀中低山区和山间冲刷沟谷。本区出露地层为古生石炭系山西组（C_{35}）、二叠系下统下石盒子组（P_{1X}）和上流上石盒子组（P_{2S}）砂、页岩地层，第四系中更新统洪积（Q_2^{PI}）、上更新统风积（Q_3^{eOI}）以及全新统洪冲积（P_4^{PaI}）低液限黏土和砂卵石层。顶部黄土层覆盖，盖度厚为 20～100 m。主沟道长 1.6 km，沟道比降 38.3 m/km。

3.1.3 水文、气象

该流域属暖温带半干旱大陆性季风气候，每年三、四月出现扬沙天气，年平均气温 9.9 ℃，极端最高气温 36 ℃、最低气温

−18 ℃，全年平均日照时数 2 588h，平均无霜期 198.4d。气象特征值见表 3－1。

表 3－1　小流域气象特征值

气温（℃）			≥10°积温（℃）	年平均日照时数（h）	平均无霜期（d）	大风日数（d）	平均风速（m/s）	观测年限（年）
年最高	年最低	年平均						
36	−18	9	3 428.1	2 588	198.4	10	2.1	10

据乡宁县气象站观测记录，流域内年最大降水量 732.7 mm，最小 312 mm。多年平均降水量 514 mm，年内分布极不均匀，其中 6—9 月降水达 386 mm，占全年降水量的 71%，且多以暴雨出现，历时短，强度大，易形成山洪。多年平均降雨径流深 45 mm，径流模数 4.5 万 m^3/km^2。流域属季节性河流，汛期形成历时很短的洪水径流，洪水量占到全年径流总量的 75%左右。根据现状淤地坝淤积情况及《临汾地区水文手册》推算，流域多年平均侵蚀模数为 9 165t/km^2。

3.1.4　土壤、植被

流域内土壤以褐色土为主，分黄绵土和褐土。流域内植被主要分布有天然植被和人工植被，天然植被有苍耳、狗尾草、反枝苋等；人工植被乔木林主要有刺槐、侧柏、青甘杨及零星分布的榆树、白花泡桐等，灌木林主要有野丁香、扁刺蔷薇、荆条、山桃等。

3.1.5　土壤侵蚀主要类型

土壤侵蚀类型主要为水力侵蚀和重力侵蚀。水力侵蚀主要发生在坡面上，以面蚀和沟蚀为主。面蚀主要发生在塬面和地形平缓的山梁，土壤侵蚀模数平均约 6 500 t/km^2。地面坡度大于 15°的坡耕地以浅沟侵蚀为主，浅沟大都已切入或切穿犁底层，呈瓦背状或浅凹地形、树枝状或平行分布。沟蚀在流域分布广泛，主要发生在塬面集流凹地处和坡度大于15°的梁峁坡、沟坡及沟头外，表现形式有浅沟侵蚀、切沟侵蚀和冲沟侵蚀等。

重力侵蚀的方式主要有崩塌。崩塌主要发生在塬面边缘冲沟、切沟两侧和沟头部位。每逢暴雨季节，在沟头、冲沟两侧及地形陡直的沟坡等部位，水力侵蚀、重力侵蚀相互交替，加剧水土流失。

3.1.6 土地利用结构

流域总土地面积0.86 km^2，现有耕地面积0.147 km^2，约占流域总面积的17.1%；园地面积0.04 km^2，占流域总面积的4.65%；林地面积0.305 km^2，占流域总面积的35.5%；其他农用地面积0.015 km^2，占流域总面积的1.75%；荒草地面积0.234 km^2，占流域总面积的27.2%；其他用地0.119 km^2，占流域总面积的13.8%。

3.2 试验材料与设计

3.2.1 试验设计

在2017年5月24日至8月31日对苦荞进行盆钵种植，其种植前的土壤采自山西省乡宁县水土保持监测站长期撂荒地0～20 cm土层，供试土壤理化性质见表3-2。种植作物为耐低氮能力强的迪庆苦荞（DQ）和耐低氮能力弱的黑丰1号（HF），迪庆苦荞由迪庆藏族自治州农业科学研究所提供，黑丰1号由山西省农业科学院高寒作物研究所提供。两个品种生育期无明显差异，平均为105 d[1]。试验采取二因素完全随机设计，因素A为不同耐瘠性苦荞品种：迪庆苦荞和黑丰1号（以下简称黑丰）苦荞；因素B为不同处理水平：对照1（CK1，不施肥）、对照2（CK2，不施氮肥）、低氮处理（N1，10kg含0.8 g）、正常供氮（N2，10kg含1.6 g）和臭氧灭菌（不施肥），每个处理设置4次重复。氮肥为尿素（含氮量46.4%），除不施肥处理外磷肥（P_2O_5，150 mg/kg）和钾肥（K_2O，60 mg/kg）均作为底肥施用。采用盆栽试验，每盆均装入

10 kg 流域内沟壑区黄土（过 2 mm 筛），将肥料一次性施入，与黄土充分混匀，每盆精选 16 粒饱满均匀无病虫害的苦荞种子，于 2017 年 5 月 8 日播种后正常浇水，除灭菌处理外所有盆栽每日等量浇水 400mL 以保证正常出苗，灭菌处理每日浇 1mg/L 的臭氧水 400mL 进行培养。

表 3-2　供试土壤基本理化性质

指标	有机碳 (g/kg)	全氮 (g/kg)	全磷 (g/kg)	全钾 (g/kg)	有效磷 (mg/kg)	速效钾 (mg/kg)	pH	铵态氮 (mg/kg)	硝态氮 (mg/kg)
含量	1.33	0.222	0.122	2.47	0.05	0.21	7.58	1.79	2.04

3.2.2　样品的采集与处理

在苦荞的苗期（6 月 3 日）、花期（7 月 23 日）和成熟期（8 月 17 日）从各处理随机挑选 3 株，靠近苦荞根系并小心挖出，使用“抖土法”，取一部分植株根际的土壤放置于铝盒中待测土壤水分（SM）；再取一部分放在 4 ℃便捷冰箱内带回实验室用于测定土壤酶活性、NO_3^- 和 NH_4^+、氨氧化微生物（测试前－80℃保存）；剩下的土壤样品装入密闭的塑封袋，带回实验室，将石块、草根等杂物去除后风干，之后分别装袋密封待测土壤的各种养分指标。

3.3　样品的测定方法

3.3.1　土壤碳转化酶的测定方法

3.3.1.1　土壤β-葡萄糖苷酶测定方法

土壤β-葡萄糖苷酶的测定采用缓冲对硝基苯-β-D 葡萄糖苷为底物，鲜土样在 37℃下培养 1 h，生成的对硝基酚与碱性 THAM 缓冲液显色，用比色法测定[2]。

3.3.1.2　土壤蔗糖酶测定方法

土壤蔗糖酶的测定是以 8%蔗糖溶液为底物，土样在 37℃下培养 24 h 后离心，取 1 mL 上清液后加入 3 mL DNS 试剂，沸水浴加热 5 min，显色，冷水浴中冷却至室温并定容至 50 mL，在 508 nm 下比色测定[3]。

3.3.1.3 土壤纤维素酶测定方法

土壤纤维素酶的测定是以 1%羧甲基纤维素溶液为底物，将土样在 37℃下培养 72 h 后离心，取 1 mL 上清液后加入 3 mL DNS 试剂，然后在沸水浴中加热 10 min，显色，冷水浴中冷却至室温并定容至 25 mL，在 540 nm 下比色测定[3]。

3.3.2 土壤氮转化酶的测定方法

3.3.2.1 土壤脲酶测定方法

土壤脲酶的测定是通过对新鲜土壤与尿素溶液在 37℃培养 5h 后测尿素残留量，用分光光度计在 500～550nm（527nm 处为最大吸收峰）处比色测定[4]。

3.3.2.2 土壤蛋白酶测定方法

土壤蛋白酶的测定是用酪蛋白作为底物，土样在 50℃、pH 8.1 条件下培养 2h，浸提出培养过程中释放的氨基酸，剩余的底物用三氯乙酸沉淀。芳香族氨基酸与 Folin Ciocalteu′s 酚试剂在碱溶液中反应形成蓝色化合物，用比色法在 700nm 处测定[5]。

3.3.2.3 土壤铵氧化酶测定方法

土壤铵氧化酶的测定是向土壤样品中加入 20 mL 的 1 mmol/L 硫酸铵溶液和 0.1 mL 的 1.5 mol/L 氯酸钠溶液，混匀后在摇床上振荡并培养 5 h，培养期间释放的亚硝态氮用 2 mol/L 氯化钾溶液提取，并在 520 nm 下比色测定。其中，氯酸钠抑制亚硝态氮到硝态氮的氧化[6]。

3.3.2.4 土壤硝酸还原酶测定方法

土壤硝酸还原酶的测定是利用 KNO_3 作为底物，将土壤样品置于封闭试管中，在 25℃条件下淹水培养 24h。亚硝酸还原酶通过加入 2，4-二硝基酚抑制。培养结束后，释放出的 NO_2^- 用 KCl 溶液浸提，在 520nm 下比色测定[7]。

3.3.3 土壤微生物的测定方法（AOA 和 AOB）

氨氧化微生物的测定委托北京百迈客生物科技有限公司进行。对苦荞根际土壤的氨氧化微生物提取样品总 DNA，之后根据保守区设计得到引物，在引物末端加上测序接头，进行 PCR 扩增并对其产物进行纯化、定量和均一化形成测序文库，建好的文库先进行文库质检，质检合格的文库用 Illumina HiSeq 2500 进行测序[8]。

3.3.4 土壤有机酸的测定方法

土壤有机酸的测定采用 HPLC 法，所用仪器型号为：Agilent 1290 UHPLC 高效液相色谱仪（四元泵、二极管阵列检测器、超高效自动进样器、控温智能柱温箱）。称取土壤样品 2.5g 于 10mL 离心管中，加入 5mL 0.1%H_3PO_4水溶液，振荡 1min 后，在 5 000 r/min 转速下离心 5min，过水相 0.45 μm 滤膜后上机进行测试。色谱条件为：色谱柱使用反相 C18 柱 CAPCellPAKC18MG 250mm×4.6mm×5μm，流动相为 0.1% H_3PO_4 的去离子水和乙腈 98∶2，pH 为 2.10 左右，柱温为 35℃，流速为 1 mL/min，进样量为 20μL，检测器波长为 210 nm[9]。测定有机酸类别分别为：丙二酸、苹果酸、丙酸、草酸、酒石酸、乙酸、乳酸、甲酸。

3.3.5 土壤理化性质测定方法

（1）土壤含水量用 105℃烘干 8h 称重法测定[10]。

（2）土壤 pH 用 pH 计测定（土水比为 1∶2.5）[11]。

（3）土壤铵态氮、硝态氮用 2mol /L KCl 浸提，连续流动分析仪测定[10]。

（4）土壤全氮用凯氏定氮仪测定[10]。

（5）土壤全钾采用高氯酸硫酸消煮-火焰光度计法测定[10]。

（6）土壤速效钾采用乙酸铵-火焰光度计法测定[10]。

（7）土壤全磷采用氢氧化钠-钼锑抗比色法测定[10]。

（8）土壤有效磷用碳酸氢钠浸提法测定[10]。

3.4 数据处理和分析

数据采用 Origin 8.0 分析，方差分析是在 Windows XP 环境中使用 SPSS 16.0、CANOCO 和 Amos 7 软件完成，图表主要用 Origin 8.0、Microsoft Office 2003 和 CANOCO4.5 完成[12]。

具体操作：采用单因素（ANOVA）方差分析两种苦荞品种的土壤理化性质和酶活性等的差异性以及两个品种同一处理下的差异性（$P<0.05$）。采用裂区分析评估不同氮处理和苦荞品种对各种指标的影响。采用 CANOCO 5 软件进行冗余分析（Redundancy analysis，RDA），采用蒙特卡罗检验（Monte Carlo Permutation test）来检验约束排序模型的显著性。

氨氧化微生物（AOA 和 AOB）的数据处理主要根据 PE Reads 之间的 Overlap 关系，将 Hiseq 测序得到的双端序列数据拼接（Merge）成一条序列 Tags，同时对 Reads 的质量和 Merge 的效果进行质控过滤。首先，使用 Trimmomatic v0.33 软件，对测序得到的 Raw Reads 进行过滤；然后使用 Cutadapt 1.9.1 软件进行引物序列的识别与去除，得到不包含引物序列的高质量 Reads；再使用 FLASH v1.2.7 软件，通过 Overlap 对每个样品高质量的 Reads 进行拼接，得到的拼接序列即 Clean Reads；最后，使用 UCHIME v4.2 软件，鉴定并去除嵌合体序列，得到最终有效数据（Effective Reads）。使用 USEARCH 10.0 在相似性 97% 的水平上对 Taps 进行聚类[13]，以测序所有序列数的 0.005%作为阈值过滤 OTU[14]。主要通过 Blomarker 在线分析平台（https://international.biocloud.net），提交属水平的相对丰度矩阵进行分析。使用 QIIME2 软件，对样品多样性指数进行评估。使用 t 检验对不同处理间的多样性指数进行差异评估。

参考文献

[1] 张楚，张永清，路之娟，等．苗期耐低氮基因型苦荞的筛选及其评价指

标［J］．作物学报，2017，43（8）：1205－1215.
［2］Eivazi F，Tabatabai M A. Factors affecting glucosidase and galactosidase activities in soils［J］. Soil Biology and Biochemistry，1990，22（7）：891－897.
［3］关松荫．土壤酶及其研究法［M］．北京：农业出版社，1986.
［4］Bottomley P S.［SSSA Book Series］Methods of soil analysis：Part 2 microbiological and biochemical properties［M］. Wisconsin：Soil Society of America，1982.
［5］Ladd J N，Butler J H A. Short-term assays of soil proteolytic enzyme activities using proteins and dipeptide derivatives as substrates［J］. Soil Biology and Biochemistry，1972，4（1）：19－30.
［6］Hart S C，Stark J M，Davidson E A，et al. Nitrogen mineralization，immobilization，and nitrification［M］. Wisconsin：Methods of Soil Analysis，1994.
［7］Fu M H，Tabatabai M A. Nitrate reductase activity in soils：Effects of trace elements［J］. Soil Biology and Biochemistry，1989，21（7）：943－946.
［8］Wang X M，Shan Y，et al. Factors driving the distribution and role of AOA and AOB in Phragmites communis rhizosphere in riparian zone［J］. Journal of Basic Microbiology，2019，59（4）：425－436.
［9］李煜姗，杨再强，李平，等．高效液相色谱法测定设施番茄土壤低分子量有机酸的色谱条件研究［J］．土壤通报，2016，47（1）：73－78.
［10］鲁如坤．土壤农业化学分析方法［M］．北京：中国农业科学技术出版社，2000.
［11］鲍士旦．土壤农化分析［M］. 3版．北京：中国农业出版社，2000.
［12］Braak C T. CANOCO－a FORTRAN program for canonical community ordination by partial detrended canonical correspondence analysis，principal components analysis and redundancy analysis［M］. Wisconsin：Update Notes，1994.
［13］Bokulich N A，Subramanian S，Faith J J，et al. Quality-filtering vastly improves diversity estimates from Illumina amplicon sequencing［J］. Nature Methods，2013，10（1）：57－59.
［14］Edgar R C. UPARSE：highly accurate OTU sequences from microbial amplicon reads［J］. Nature Methods，2013（10）：996－998.

4 低氮胁迫下不同耐瘠性苦荞对土壤碳转化酶活性的影响

碳是构成植物和微生物生命体最重要的基础元素，在根际系统中所占比例最大，转化过程也比较复杂[1]，很大程度上决定着根际系统运转的方向与强度。施用氮肥对土壤碳素转化积累有一定影响，能促进土壤有机碳库的积累。合理施用氮肥可以有效促进黄土高原旱地 0～20 cm 土层土壤有机碳、有机氮积累，提高土壤氮素矿化能力，降低氮素矿化速率，可以有效提高旱地土壤有机氮、有机碳含量和土壤供氮能力。氮肥的施用可以提高土壤微生物群落碳源利用率、微生物群落的丰富度和功能多样性[2]。而碳素的存在是促进土壤氮素转化的相关因素。例如碳素对土壤氮素的转化速率也有一定影响[3]，研究表明，葡萄糖的添加使土壤微生物对无机氮素固持作用显著增强，使无机氮向有机氮的转化速率也相应提高[4]。土壤碳转化酶参与土壤环境中的生物化学过程，是土壤中的生物催化剂[5]，也是土壤有机体的代谢动力，与有机物质分解、能量转移等密切相关[6,7]，其活性比较敏感，一定程度上能反映土壤的状况[1]。土壤 β-葡萄糖苷酶、土壤蔗糖酶与土壤纤维素酶均可表征土壤碳转化循环速率。

4.1 低氮胁迫下不同耐瘠性苦荞对土壤 β-葡萄糖苷酶活性的影响

β-葡萄糖苷酶（β-glucosidase，EC 3.2.1.21），也称为 β-

D-葡萄糖糖苷水解酶，是一类纤维素酶，能够从含糖化合物中催化水解末端的非还原性β-D-糖苷键，释放出β-D-葡萄糖及相应的单糖、寡糖或复合糖。β-葡萄糖苷酶广泛分布于动物、植物、微生物中，在不同的生物体中发挥着各种功能。在动物中，可调节体内的糖脂和外源性糖苷代谢，例如人类缺乏乳糖酶根皮苷水解酶会导致乳糖不耐症。人类酸性β-葡萄糖苷酶的基因突变会破坏酶的活性，造成底物葡萄糖神经酰胺的贮积，导致戈谢病。在微生物中，厌氧微生物如白色瘤胃球菌、产琥珀酸丝状杆菌中的纤维素酶能够水解植物细胞壁中的纤维素并以此作为碳源，满足自身的代谢需求。一般而言，β-葡萄糖苷酶的功能与作用是由相应酶的底物特异性、组织定位、细胞定位及与底物互作的条件所决定的。在植物中，β-葡萄糖苷酶参与植物体内的各类生理过程，如细胞壁的木质化、植物的激素代谢、植物对逆境的防御反应等。

葡萄糖苷酶研究广泛，其活性敏感，能在一定程度上反映土壤条件[8]。研究表明，土壤中氮素量的增加会导致葡萄糖苷酶活性也相应增加[9]。除了氮素，有研究指出生物炭还田会在总体上增加土壤中葡萄糖苷酶活性[10]；另外β-葡萄糖苷酶对 pH 具有广泛的适应性，其最适 pH 都呈现偏酸性的特点[11]。

如图 4-1 所示，在苦荞的苗期、花期，氮处理、品种及其交互作用对苦荞土壤葡萄糖苷酶活性产生极显著影响（$P<0.05$）。在苦荞的成熟期，品种对苦荞葡萄糖苷酶影响不显著，氮处理及氮处理与品种的交互作用对苦荞葡萄糖苷酶影响极显著（$P<0.05$）。

苦荞苗期，除 CK1 外，HF 与 DQ 的土壤β-葡萄糖苷酶活性均存在着显著差异（$P<0.05$），CK2 和 N1 处理下均表现为 DQ>HF，DQ 较 HF 分别增加了 11.65%和 58.30%；而在 N2 和 MJ 处理下则表现为 HF>DQ，DQ 比 HF 分别低了 19.69%和 44.57%。DQ 的 CK1、CK2 两个处理之间不存在差异，N1、N2 之间的酶活性不存在差异，但 MJ 处理下的酶活性分别比 CK1、CK2、N1、N2 处理低 20.29%、20.64%、43.40%、42.56%（$P<0.05$）。HF 的 CK2、N1 处理之间差异不显著，但 CK2、N1 与其他处理之

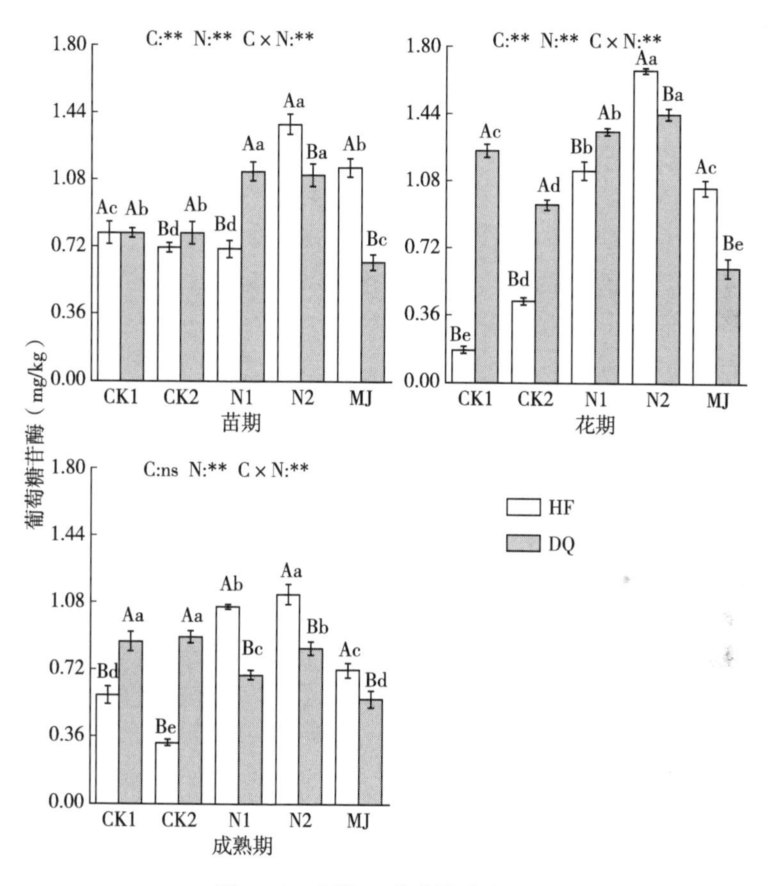

图 4－1　土壤β-葡萄糖苷酶活性

注：HF，黑丰苦荞，不耐低氮品种。DQ，迪庆苦荞，耐低氮品种。CK1，不施肥。CK2，不施氮肥。N1，低氮处理。N2，正常供氮。MJ，臭氧灭菌。C，品种。N，处理。C×N，品种和处理的交互作用。**，有极显著差异。ns，无显著差异。

间差异显著，N2 下的土壤葡萄糖苷酶活性分别比 CK1、CK2、N1、MJ 处理高 73.25%、92.07%、94.22%、20.15%。

苦荞花期，HF 和 DQ 在同一处理下的土壤β-葡萄糖苷酶活性之间均存在显著差异（$P<0.05$），CK1、CK2、N1 处理下 DQ 的酶活性是 HF 的 7.17 倍、2.18 倍、1.18 倍；N2 和 MJ 处理下则

表现为DQ酶活性低于HF，分别低13.95%和41.23%。HF的不同氮处理之间酶活性差异显著（$P<0.05$）。HF的N2处理土壤葡萄糖苷酶活性分别是CK1、CK2、N1、MJ处理的9.7倍、3.84倍、1.47倍、1.60倍。DQ不同氮处理之间酶活性差异显著（$P<0.05$），DQ的N2处理土壤葡萄糖苷酶活性分别比CK1、CK2、N1、MJ处理高16.37%、51.93%、7.09%、137%。

苦荞成熟期，两种苦荞在同一氮处理下酶活性之间均存在显著性差异（$P<0.05$），HF在N1、N2、MJ处理下葡萄糖苷酶活性高于DQ，分别高53.85%、34.92%、28.68%；CK1、CK2处理下，HF比DQ的葡萄糖苷酶活性分别低32.91%和63.45%。HF不同氮处理之间酶活性的差异显著（$P<0.05$），N2处理分别为CK1、CK2、N1、MJ处理的1.94倍、3.44倍、1.06倍、1.57倍。而DQ的CK1、CK2处理之间葡萄糖苷酶活性差异不显著，但与N1、N2和MJ之间差异显著（$P<0.05$），CK2葡萄糖苷酶活性分别为N1、N2、MJ处理的1.3倍、1.07倍、1.6倍。

除了灭菌处理与黑丰的对照外，两种苦荞在同一氮处理下土壤β-葡萄糖苷酶活性均表现为随苦荞的生长发育先增加后降低。苗期到花期酶活性增加可能是由于该时期苦荞生长迅速，根系生长旺盛，需要大量的养分元素，而根系的生长更有利于苦荞吸收土壤中的养分以及分泌胞外酶，从而促使β-葡萄糖苷酶活性增高。另外，低氮胁迫下耐氮性强的苦荞分泌更多的单糖酶，而在常氮和臭氧灭菌的条件下耐氮性弱的苦荞品种会分泌更多的单糖酶，出现这种差异的原因是由于品种差异（迪庆较黑丰耐氮性强）。苗期和花期苦荞生长需要大量养分，低氮环境在一定程度上可以促进耐氮品种根系生长，大量的根系在土壤中穿插使根尖破损会释放出更多的胞外酶，同时也会增加微生物的活性，增加土壤中氮素的释放，提高苦荞对养分的利用，以满足自身的生长需求[12]。花期到成熟期酶活性降低，可能是由于苦荞生长后期根系衰老，根系活力下降，根系生物量不再增加，根系分泌物减少进而影响了酶的活性[13]。有研究表明，作物成熟期籽粒蛋白中80%的氮来自开花期前营养器官中养分的再分配[1]。灭菌处理与其他处理不同，表现为随着苦荞生长β-葡萄糖苷酶活性逐渐降低，且3个时期黑丰酶活性均显著高于迪庆，这可能是由于耐氮性强的苦荞品种在低氮胁迫的条件下会通过根系生长增加根系分泌物，以此获取作物生长所需的养分[12]，根系分泌物对微生物生长有一定促进作用，而经过臭氧灭菌处理后，一定程度上抑制了微生物的生长[14]，导致其酶活性降低。有研究表明不同品种在臭氧处理下根系分泌物的组成成分有所差异，如酚酸会对土壤中部分微生物产生一定的抑制作用，根系分泌物的差异在一定程度上会影响作物的养分转化[15]。苦荞不同品种之间酶活性的差异也可能是由于臭氧处理下根系分泌物的不同导致的。CK1与灭菌均为不施肥处理，在苦荞三个生育时期，同一品种下这两种处理之间均存在显著差异，黑丰苦荞表现为MJ显著高于CK1，迪庆苦荞则正好相反，表现为CK1显著高于MJ，表明在不施肥的情况下，耐氮性强的苦荞品种β-葡萄糖苷酶有一部分来源于微生物，而耐氮性弱的苦荞品种土壤养分转化中酶的作用更显著，贡献更高。在养分循环中，微生物起到了一定的作用，且养分充足的时候微生物的活性会更高，贡献也更高[1,16]，但是成熟期土壤酶的调节作用显著高于微生物[14]。

4.2 低氮胁迫下不同耐瘠性苦荞对土壤蔗糖酶活性的影响

蔗糖酶可以利用来源于植物根系分泌的低分子量，其活性可以反映土壤中碳的转化和土壤呼吸强度，亦可以表征土壤中碳循环速度[17]。当根系生物量尤其是细根生物量上升时，会引起根系分泌蔗糖酶的数量增加，C_3作物小麦和水稻，其碳水化合物（可溶性糖和淀粉）可以在叶片中大量积累，当光合产物的利用受到限制时，光合产物会有一部分被分泌到土壤中，使土壤蔗糖酶增加[18]。这样可以通过测定蔗糖酶活性来评估施肥对根际土壤中蔗糖酶活性的影响。土壤蔗糖酶活性与有机碳水平、土壤呼吸强度密切相关[19]，也能反映土壤生物群落代谢状态[20]。

如图 4-2 所示，在苦荞苗期、花期和成熟期，氮处理、品种及其交互作用均对苦荞土壤蔗糖酶活性产生极显著影响（$P<0.01$）。

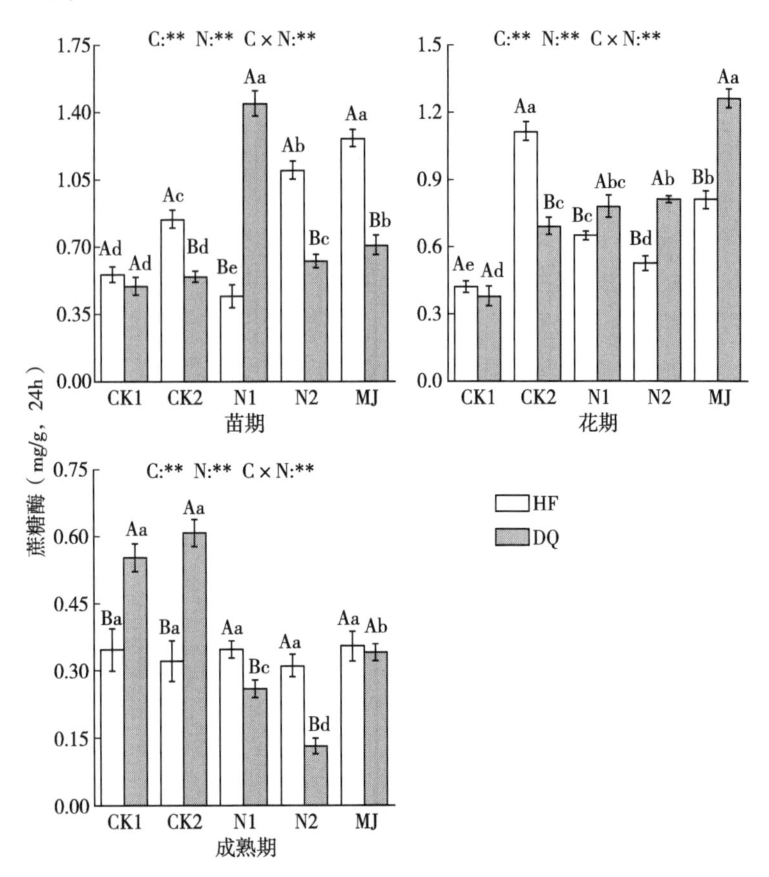

图 4-2 土壤蔗糖酶活性

注：HF，黑丰苦荞，不耐低氮品种。DQ，迪庆苦荞，耐低氮品种。CK1，不施肥。CK2，不施氮肥。N1，低氮处理。N2，正常供氮。MJ，臭氧灭菌。C，品种。N，处理。C×N，品种和处理的交互作用。**，有极显著差异。

苦荞苗期，除 CK1 外同一处理下两种苦荞蔗糖酶活性存在显著差异（$P<0.05$），N1 处理下 DQ 的蔗糖酶活性是 HF 的 3.2 倍，CK2、N2 和 MJ 处理下表现为 HF 的蔗糖酶活性分别是 DQ 的 1.5 倍、1.7 倍和 1.8 倍。HF 不同处理之间蔗糖酶活性存在显著差异（$P<0.05$），蔗糖酶活性从高到低依次为 MJ>N2>CK2>CK1>N1，MJ 分别是 CK1、CK2、N1 和 N2 处理的 2.3 倍、1.5 倍、2.8 倍和 1.2 倍。DQ 则正好相反，在 N1 处理下蔗糖酶活性最高，分别是 CK1、CK2、N2 和 MJ 处理的 2.91 倍、2.63 倍、2.29 倍和 2.03 倍，DQ 的蔗糖酶活性在 CK1 和 CK2 之间差异不显著，但是这两个处理与其他处理之间差异显著（$P<0.05$）。

苦荞花期，除 CK1 外两种苦荞同一处理之间蔗糖酶活性差异显著（$P<0.05$）。CK2 处理下 HF 的蔗糖酶活性比 DQ 高 60.5%，而 N1、N2 和 MJ 处理下 DQ 的蔗糖酶活性分别比 HF 高 20.2%、54.0%和 56.2%。HF 的蔗糖酶活性在 5 个处理之间存在显著差异（$P<0.05$），CK2 处理分别是 MJ、N1、N2、CK1 处理的 1.38 倍、1.71 倍、2.11 倍和 2.64 倍。DQ MJ 处理下蔗糖酶活性最高，是 CK1、CK2、N1 和 N2 处理的 3.33 倍、1.82 倍、1.62 倍和 1.56 倍。

苦荞成熟期，MJ 处理下两种苦荞的蔗糖酶活性无显著差异，但是其余不同处理下两种苦荞蔗糖酶活性存在显著差异（$P<0.05$）。在 CK1 和 CK2 处理下，DQ 的蔗糖酶活性分别比 HF 高 74.5%和 88.7%；N1 和 N2 处理下，DQ 的蔗糖酶活性分别比 HF 低 25.0%和 49.5%。HF 的几种处理之间蔗糖酶活性无显著差异。DQ 的 CK1 和 CK2 处理下蔗糖酶活性差异不显著，但是其他处理之间差异显著（$P<0.05$），N1、N2 和 MJ 处理分别比 CK2 低 57.0%、78.0%和 43.6%。

迪庆耐低氮性比黑丰强，在苗期细根生物量增大，呼吸作用更强，因此可以通过细根分泌大量蔗糖酶。在本研究中，苗期低氮处理下迪庆酶活性高于黑丰 1 号便很好地说明了耐低氮性强的苦荞品种在少量施氮时生长前期具有生长优势。花期施氮肥（N1、N2）处理下迪庆苦荞的蔗糖酶活性显著高于黑丰 1 号，而成熟期正好相反，可能是由于花期作物生长旺盛，施氮可以促使苦荞根系与土壤微生物分泌更多蔗糖酶[21]，从而促进苦荞对养分的吸收。研究表明土壤微生物的活性可能会因逆境胁迫对作物根系分泌物的影响而发生改变[22]，微生物在受到养分胁迫时会增加酶的分泌从而满足自身对养分的需求[23]。适量施氮肥可以改善土壤养分状况，作物的根系会分泌更多的酶来吸收养分，保证作物生长，且能促进土壤微生物的繁殖，最终提高土壤酶活性[24]。苗期的灭菌处理下黑丰1号的蔗糖酶活性显著高于迪庆，而花期则为黑丰的酶活性显著低于迪庆，这可能是由于耐低氮性强的苦荞在经过臭氧处理后，根系会分泌酚酸类物质，在一定程度上会抑制微生物的生长，减小了微生物对酶底物的消耗，保证土壤酶有足够的底物，增强其耐瘠性，表现出一定的品种优势[25]。研究表明，不同品种在臭氧处理后的土壤微生物之间存在显著差异，影响土壤微生物多样性及代谢。而与蔗糖酶相比，在苦荞整个生长期两个对照与低氮这三种养分较低的处理下单糖酶活性更强，更多地表现出了迪庆高于黑丰，表明耐氮性强的苦荞在低氮胁迫下更多地偏好于单糖酶的调节作用。

4.3 低氮胁迫下不同耐瘠性苦荞对土壤纤维素酶活性的影响

纤维素酶的分解产物为纤维二糖，然后在纤维二糖酶催化下生成葡萄糖，其活性与土壤有机质的分解、腐殖质的形成、碳的营养释放、纤维素含量和土壤速效氮相关[26,27]。纤维素是植物体的重要组成部分，占植物干重的50%左右[28,29]，其分解与转化对土壤碳循环具有重要的意义[30]。土壤中的纤维素在纤维素酶的作用下逐步分解成葡萄糖，为微生物提供碳源。纤维素酶广泛存在于自然界的生物体中。细菌、真菌、动物体内等都能产生纤维素酶。纤维素酶是由多种水解酶组成的一个复杂酶系，是降解纤维素生成葡萄糖的一组酶的总称，它不是单体酶，而是起协同作用的多组分酶系，是一种复合酶。纤维素酶主要分解由碳水化合物和酚类物质构成的土壤有机质和植物组织，破坏纤维素的晶体结构，经内切酶将纤维素水解成二糖和三糖，是土壤生物体的能量来源，一定程度上能反映土壤有机碳的运转和积累规律，对微生物呼吸有一定影响[31,32]。纤维素酶活性可以反映土壤中微生物对纤维素的分解能力[33]，在农田生产中，不同的耕作方式对土壤纤维素酶活性有一定影响，如棕黄沙质土壤中施氮肥会增强纤维素酶活性，加快纤维素水解，进而使土壤碳循环的速度加快[34]。土壤中无机氮浓度的增加可提高纤维素酶的活性，并导致土壤碳矿化，而在小麦秸秆还田少的土壤中，氮的增加会抑制纤维素外切酶、纤维素内切酶活性[35]。大气 CO_2 浓度升高可增加纤维素酶活性[36]。

如图 4-3 所示，在苦荞的整个生长时期，氮处理、品种及交互作用均对苦荞土壤纤维素酶活性产生极显著影响（$P<0.01$）。

苦荞苗期，在 CK1 处理下两种苦荞的纤维素酶活性无显著差异；在 CK2、N1、N2 和 MJ 处理下两种苦荞的纤维素酶活性有显著差异（$P<0.01$），HF 的纤维素酶活性分别比 DQ 低 65%、45%、21%和 32%。HF 在 N2 处理下纤维素酶活性分别比 CK1、CK2、N1 和 MJ 高 131%、65%、13%和 26%。但是 HF 的纤维素酶活性在 N1 和 MJ 之间无显著差异，而 N1 处理下纤维素酶活性分别比 CK1 和 CK2 高 104%和 46%，MJ 分别比 CK1 和 CK2 高 83%和 31%，CK2 比 CK1 高 39%（$P<0.01$）。DQ 的纤维素酶活性在 CK2 与 N1 之间无显著差异，但 CK2 处理下纤维素酶活性分别比 CK1、N2 和 MJ 高 214%、35%和 47%。

苦荞花期，在 CK2 和 MJ 处理下，两种苦荞的纤维素酶活性差异不显著，但是在 CK1 处理下，HF 的纤维素酶活性比 DQ 高 42%，在 N1 和 N2 处理下，DQ 的土壤酶活性分别是 HF 的 3.48 倍和 2.07 倍。HF 的纤维素酶活性在 N2 处理下是 CK1、CK2、N1 和 MJ 的 2.46 倍、3.27 倍、2.60 倍和 2.90 倍。DQ 的纤维素酶活性在 N2 处理下与其他处理均存在显著差异（$P<0.01$），分别是 CK1、CK2、N1 和 MJ 的 7.23 倍、5.77 倍、1.54 倍和 5.13 倍。

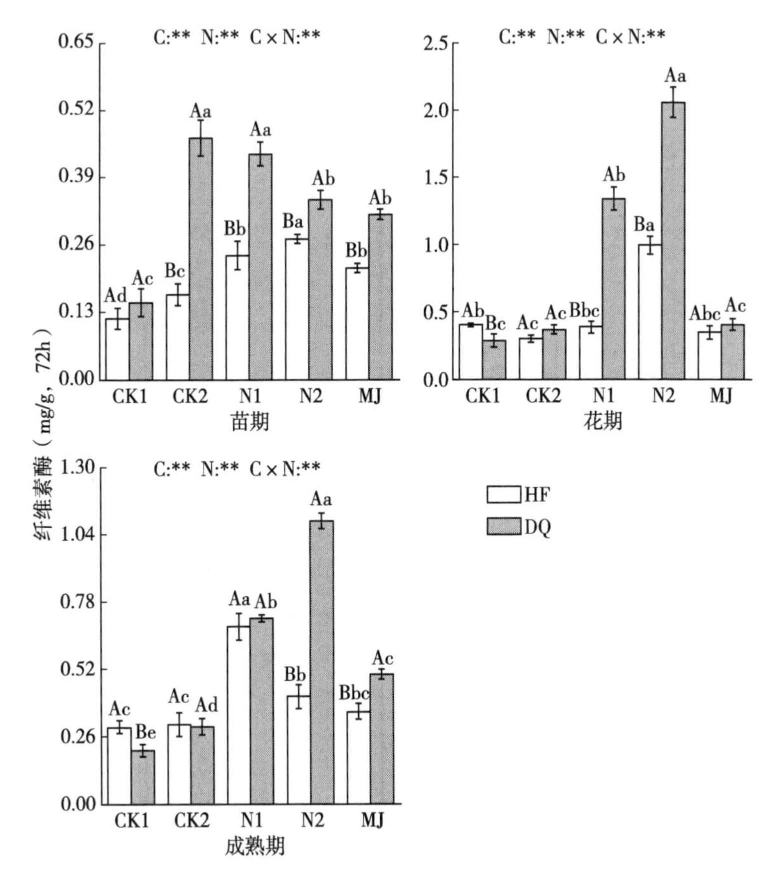

图 4-3　土壤纤维素酶活性

注：HF，黑丰苦荞，不耐低氮品种。DQ，迪庆苦荞，耐低氮品种。CK1，不施肥。CK2，不施氮肥。N1，低氮处理。N2，正常供氮。MJ，臭氧灭菌。C，品种。N，处理。C×N，品种和处理的交互作用。**，有极显著差异。

苦荞成熟期，在 CK2 和 N1 处理下，两种苦荞纤维素酶活性无显著差异；在 CK1 处理下，HF 的纤维素酶活性比 DQ 高 45%；但是在 N2 和 MJ 处理下，HF 的土壤纤维素酶活性分别比 DQ 低 62%和 29%。HF 的纤维素酶活性在 N1 处理下是 CK1、CK2、N2 和 MJ 的 2.32 倍、2.24 倍、1.66 倍和 1.93 倍，但是 MJ、CK1、

CK2 两两之间均不存在显著差异。DQ 的土壤纤维素酶活性在 N2 处理下最高，分别是 CK1、CK2、N1 和 MJ 的 5.40 倍、3.75 倍、1.53 倍和 2.19 倍。

纤维素酶底物结构复杂，其最初水解产物是纤维二糖，最终分解产物是葡萄糖，也称多糖酶。在本研究中，从开花期到成熟期黑丰苦荞的 CK2 和 N1 的纤维素酶活性表现出了与其他氮处理不同的趋势，可能是因为纤维素酶分解转化比较复杂，不耐低氮的黑丰品种在低氮胁迫下微生物生长代谢较弱，苦荞根系前期会倾向于分泌一些结构简单的酶，如单糖酶和二糖酶，在生长后期微生物活性增强，反而会分泌大量的纤维素酶，但作物成熟期需要的能量较少，分泌的纤维素酶便大量留在土壤中。苦荞苗期、花期（除 CK1）及成熟期（除对照）的同一氮处理下迪庆的纤维素酶活性均比黑丰高，这可能是由于耐氮性强的苦荞根系生物量和根系活力较高，促进根系分泌物的增加，碳源的增加进一步促进了微生物的繁衍，继而可以分解结构复杂的纤维素。在低氮胁迫下，耐氮的苦荞品种表现出更强的生长优势。有研究表明，低氮胁迫下，耐低氮苦荞根系活力和硝酸还原酶活性高于不耐低氮苦荞[16]。作物根系分泌物能够对根际微生物的数量和种类发生作用，并对其生成酶与消亡后释放胞外酶的能力造成一定影响[21]。根际环境中氮素匮乏通常会刺激植物根系的生长从而增加吸收面积，提高养分的空间有效性[12]。土壤微生物并非平等利用所有可用的碳源，不同耐受性的作物品种拥有不同的碳源选择偏好[1]。3 个生育时期灭菌处理下的土壤纤维素酶活性均低于低氮和常氮处理，可能是由于臭氧处理会使作物细根分泌物的可溶性糖、淀粉含量和根的碳水化合物浓度降低，减少细根生长[25]，进而降低纤维素酶的分泌。

4.4 低氮胁迫下环境因子对土壤碳转化酶活性的影响

如图 4－4 所示，冗余分析（RDA）结果显示了苦荞苗期环境因子对碳转化酶活性的影响，一轴可以解释 51.4%的变异程度，二轴可以解释 10.8%的变异程度。由此可知，一轴可以将两个品种的 CK2 处理、N2 处理、MJ 处理区分开，二轴可以将 N1、MJ 处理下两个品种苦荞区分开来，说明在苦荞苗期不同处理下两种苦荞之间各项指标有较为明显的差异。

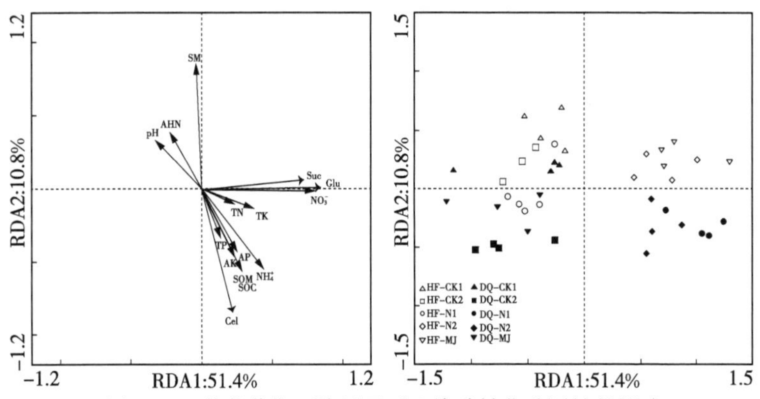

图 4-4　苦荞苗期环境因子对土壤碳转化酶活性的影响

注：Glu，葡萄糖苷酶。Suc，蔗糖酶。Cel，纤维素酶。SM，土壤水分。pH，土壤酸碱性。AHN，土壤碱解氮。TN，土壤全氮。TP，土壤全磷。TK，土壤全钾。AP，土壤有效磷。AK，土壤速效钾。SOM，土壤有机质。SOC，土壤有机碳。NO_3^-，土壤硝态氮。NH_4^+，土壤铵态氮。HF，黑丰苦荞。DQ，迪庆苦荞。CK1，不施肥。CK2，不施氮肥。N1，低氮处理。N2，正常供氮。MJ，臭氧灭菌。下同。

由冗余分析排序结果可知（表 4-1），在苦荞苗期，环境因子中的 TK、NO_3^- 和 SM 对土壤碳转化酶活性影响最大，均达到极显著水平（$P<0.01$）。葡萄糖苷酶、纤维素酶与蔗糖酶除了与碱解氮、pH、土壤含水量呈现出负相关关系外，与其余理化性质均呈现正相关关系（表 4-2）。

表 4-1　苦荞苗期土壤理化性质对土壤碳转化酶的冗余分析排序

指标	pH	SM	NH_4^+	NO_3^-	TN	TK
F	0.7	6.591	0.791	20.519	3.22	7.972
P	0.438	0.012	0.402	0.002	0.06	0.002
排序	11	3	10	2	5	1

（续）

指标	pH	SM	NH_4^+	NO_3^-	TN	TK
F	0.536	0.59	2.64	1.552	1.552	1.359
P	0.578	0.504	0.084	0.216	0.216	0.24
排序	4	12	6	7	8	9

表 4-2 苦荞苗期土壤理化性质与土壤碳转化酶的相关系数

指标	AP	SOM	SOC	AK	AHN	TP
Cel	0.236*	0.246*	0.246*	0.292**	−0.259*	0.323**
Suc	0.056	0.133	0.133	0.169	−0.1	0.164
Glu	0.192	0.213	0.213	0.008	−0.111	0.095
指标	TK	NO_3^-	TN	NH_4^+	SM	pH
Cel	0.131	0.246*	0.208	0.402**	−0.574**	−0.221*
Suc	0.228*	0.297**	0.051	0.114	0.026	−0.216
Glu	0.144	0.583**	0.257*	0.317**	−0.074	−0.211

如图 4-5 所示，冗余分析（RDA）结果显示花期环境因子对碳转化酶活性的影响，一轴可以解释 59.3%的变异程度，二轴可以解释 17.3%的变异程度。苦荞花期环境因子均对碳转化酶活性有显著影响（表 4-3），并且呈正相关关系（表 4-4）。

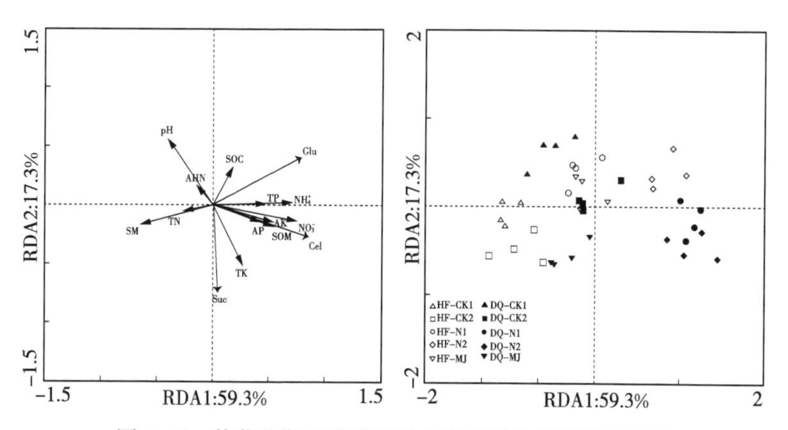

图 4-5 苦荞花期环境因子对土壤碳转化酶活性的影响

表 4-3 苦荞花期土壤理化性质对土壤碳转化酶的冗余分析排序

指标	SM	pH	NO_3^-	NH_4^+	TP	AK	TK	AP	SOC	SOM
F	15.541	12.053	11.599	8.806	7.082	6.823	4.256	3.956	3.883	3.883
P	0.002	0.002	0.002	0.002	0.002	0.002	0.014	0.02	0.024	0.012
排序	1	1	1	1	1	1	3	4	5	2

表 4-4 苦荞花期土壤理化性质与土壤碳转化酶的相关系数

指标	SM	pH	NO_3^-	NH_4^+	TP	AK	TK	AP	SOC	SOM
Suc	0.93	0.01	0.43	0.21	0.26	0.36	0.00	0.56	0.21	0.21
Glu	0.00	0.72	0.00	0.00	0.01	0.01	0.43	0.06	0.03	0.03
Cel	0.00	0.00	0.00	0.00	0.02	0.00	0.13	0.01	0.97	0.97

如图 4-6 所示，冗余分析（RDA）结果显示了成熟期环境因子与土壤碳转化酶活性之间的关系，一轴和二轴分别可以解释 59.3%和 20.8%的变异程度。一轴大致可以将两个苦荞品种的 CK1、CK2、MJ 与 N1、N2 分开，说明在苦荞成熟期施氮处理与不施氮处理具有一定的差异。二轴则可以将 HF 和 DQ 分开，说明在成熟期同一处理下两个苦荞品种表现出一定的差异。

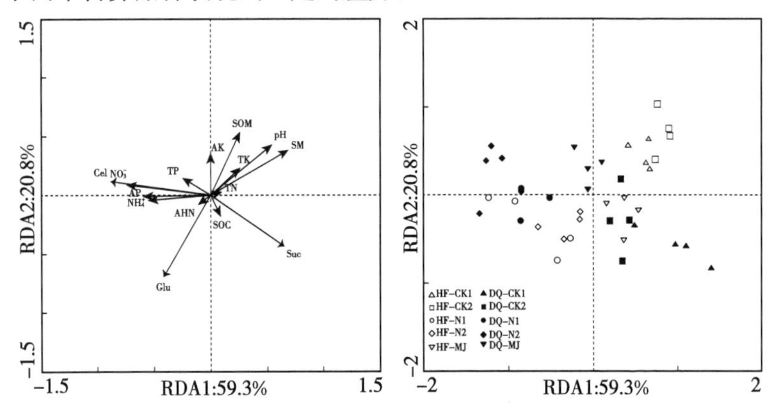

图 4-6 苦荞成熟期环境因子对土壤碳转化酶活性的影响

由表4-5可知，在苦荞成熟期，环境因子中除了SOC、TN、TK、AK和TP外均对土壤碳转化酶产生极显著影响（$P<0.01$），其中SM的影响最大（$P<0.05$）。3种碳转化酶与土壤理化指标之间的关系和苗期、花期明显不同，具体关系见表4-6。

表4-5 苦荞成熟期土壤理化性质对土壤碳转化酶冗余分析排序

指标	SM	SOC	NH_4^+	TN	TP	TK	pH
F	9.45	2.79	9.24	2.56	1.38	2.39	5.81
P	0.00	0.06	0.00	0.06	0.27	0.07	0.00
排序	1	10	2	11	14	12	7
指标	NO_3	AP	AK	SOM	PHe	SD	LA
F	6.45	4.89	1.45	2.79	10.20	10.23	7.70
P	0.00	0.00	0.25	0.04	0.00	0.00	0.00
排序	3	8	13	9	4	5	6

表4-6 苦荞成熟期土壤理化性质与土壤碳转化酶相关系数

指标	SM	NH_4^+	pH	NO_3^-	AP	SOM	PHe	SD	LA
Cel	−0.65	0.41	−0.42	0.55	0.55	−0.19	0.44	0.34	0.50
Suc	0.59	−0.46	0.24	−0.46	−0.32	−0.19	−0.1	−0.44	−0.54
Glu	−0.46	0.33	−0.59	0.39	0.28	−0.47	0.65	0.39	0.48

土壤有机碳是碳源的主要供给者，能很好地调节根际化学环境，对根际土壤养分产生极大影响，是构成土壤肥力的重要因素[37]。本研究中，除了苗期的迪庆苦荞外，两种苦荞不同时期的低氮与常氮处理下土壤有机碳均有显著差异，这可能是由于施氮肥改善了土壤养分状况，促进苦荞对氮素吸收利用。研究表明，适量施用氮肥能显著提高土壤有机碳含量，但若超过一定的量反而会使有机碳含量降低[38,21]。本研究表明，迪庆根际土壤的有机碳高于黑丰，表明耐氮性强的苦荞根系分泌物在一定程度上是很好的碳

汇，通过伸长根系可以刺激苦荞分泌出更多碳源（例如有机酸等），一部分储存在土壤中作为碳源，从而增加土壤微生物生物量与活性[39]。苗期灭菌处理土壤有机碳含量较低，这可能是由于臭氧灭菌处理后抑制了土壤中微生物的生长，微生物作为土壤有机碳的组成之一，微生物的低活性导致有机碳含量较低。花期灭菌处理下黑丰的有机碳含量显著高于迪庆，且黑丰的灭菌处理下有机碳含量显著低于常氮，苗期迪庆苦荞也表现出相同的情况，这与单糖酶的变化趋势一致，表明微生物对土壤有机碳和土壤酶均有调节作用。在养分充足的情况下微生物的活性更强，调节作用也越大，而酶活性高也可以刺激苦荞根系分泌更多有机碳来保证养分供应[1]。

在苦荞苗期和成熟期，土壤有机碳对碳转化酶活性影响较大，研究表明土壤酶作为土壤环境的重要组成部分，与土壤微生物及有机碳等理化性质之间具有明显的相关性[40]。土壤蔗糖酶和纤维素酶都可以有效加快有机碳的运转速率，其产物除了有可供生物直接利用的小分子有机物外，还会产生较多可被利用的有机质和有效能源供土壤微生物利用，进一步可以增强真菌的生长和作物根系的发育，组成新的微生物功能群，加之微生物、作物根系、土壤酶的分泌物不断增加，可以有效促进土壤酶活性提高[41]。

作物吸收利用的氮素主要是矿质态氮（铵态氮/硝态氮），因此研究施氮对其含量的影响可清晰地认识氮肥在土壤养分状况方面的作用。研究表明，NH_4^+ 是微生物的有效氮源，当向土壤中添加 NH_4^+ 时，微生物受氮素的限制解除，能够利用加入的氮素快速合成自身有机体的一部分[42]。冗余分析的结果表明，铵态氮和硝态氮对苦荞苗期和花期的碳转化酶活性具有很大的影响，土壤酶活性与有机质含量（尤其是有机碳和有机氮比例）直接相关，主要原因是充足的有机碳氮源促进了微生物的生长与繁殖[43]。土壤中速效氮含量高可以促进碳循环相关酶的分泌。本研究中，两种苦荞不同氮处理下的单糖酶和多糖酶在生长期也大多显示为先增加后降低的趋势，这可能是由于苦荞苗期和成熟期对养分需求较少，而开花期是苦荞生长的旺盛时期，对养分的需求较大，刺激根系分泌更多土壤酶，加快土壤养分循环，从而促使土壤大量释放氮素以供生长发育，生长后期苦荞根系衰老，根系活力下降，且养分需求量下降，影响苦荞的土壤酶活性，进而减少了氮素转化。施氮肥显著提高了苦荞不同时期土壤铵态氮和硝态氮含量，说明施氮肥可以改善作物根系土壤养分状况，从而促进对氮素的吸收利用，碳素的存在也会对土壤氮素转化产生一定的促进作用[3]，提高土壤微生物碳源利用率。梁云鹏等研究表明施氮能显著提高土壤中速效氮的含量。当向土壤中添加氮源时，微生物会利用外加氮源合成自身的细胞壁物质，并且高氮处理下胞壁酸含量高于低氮处理，随施氮量的增加更有利于以胞壁酸为代表的微生物在土壤中积累。土壤微生物是土壤氮素转化的枢纽，是土壤氮素循环最基本的驱动力[42]。低氮胁迫下，耐氮性强的苦荞硝化作用更为强烈，在硝化细菌的帮助下将氮转化为作物容易吸收的硝态氮[44-46]。

土壤含水量会影响土壤的理化性状和微生物活性。本研究中，在苦荞苗期和花期，迪庆的土壤含水量均低于黑丰，且同一氮处理两种苦荞均表现为低氮处理下土壤含水量最低，这可能是由于耐氮强的苦荞在低氮胁迫下可以通过促进主根生长进而增加其根系吸收范围[12]，增强苦荞对土壤水分的吸收能力，这样溶解在土壤水分中的养分也会随着苦荞对水分的吸收而进入植株体内，同时通过吸收大量水分进行植物的光合作用以更好地适应低氮胁迫。研究表明，土壤含水量会影响土壤通气状况、作物根系生长和土壤微生物活性[21]。在低氮胁迫下苦荞的主根显著伸长，且耐低氮的苦荞品种伸长的幅度大于不耐低氮的苦荞品种，迪庆的主根长、根直径、根体积、根表面积和根系干重均高于黑丰[47]，苦荞苗期的叶片相对含水量、叶绿素和叶片荧光参数 F_0、F_m、F_V/F_m 均表现为迪庆高于黑丰，迪庆苦荞具有更强的根系吸收能力与光合能力[44]。

土壤 pH 会影响土壤微生物多样性和活性。在本研究中，两种苦荞同一氮处理下的土壤 pH 在成熟期达到最大值。而 pH 能够影响酶在土壤中的固定情况和活性强度。苦荞苗期两种苦荞均表现为随着施氮量的增加土壤 pH 降低，苗期和花期的土壤 pH 表现为

DQ<HF，这可能是因为尿素水解形成铵态氮，铵态氮由于细菌的作用生成亚硝态氮和硝态氮，并产生氢离子，进而降低土壤pH[15]。在本研究中，苦荞苗期黑丰的硝态氮含量随着施氮量增加逐渐增加，迪庆的低氮和常氮也显著高于其他处理，硝态氮含量变化对土壤 pH 造成一定的影响，很好地印证了该观点。

土壤有效磷为土壤中能够被作物吸收的磷素，而施肥能够有效提高土壤中有效磷含量并促进作物根系生长[48,49]，进一步促进土壤酶的分泌与作物的光合作用，增强作物在贫瘠环境中的耐性，促进作物产量增加，而土壤中的氮素对于磷具有活化作用[50]，增强苦荞对养分的吸收，提高产量[51-53]。而磷肥与钾肥的互作可以刺激蔗糖酶的分泌，为苦荞生长提供更多的能量，有效提高苦荞的耐性。郑小能等研究表明，磷肥与钾肥的适量施用有助于提高作物的土壤有效磷含量，进而提高作物的产量与品质[54,55]。

钾作为作物生长所必需的大量元素，对作物的生长发育具有重要的作用，不仅能够促进其光合作用和活化土壤酶，还对土壤中同化产物的运输、土壤渗透势调节有一定的影响，有效提高作物的产量[54]。在本研究中，氮处理、品种及其交互作用均对苦荞 3 个生育时期的土壤速效钾产生显著影响，氮处理对苦荞 3 个生育时期的土壤全钾产生极显著影响，氮处理与品种的交互作用对苦荞花期和成熟期的土壤全钾也产生极显著影响，这表明土壤中氮素对于钾的转化积累存在一定的影响。研究表明，土壤中氮素会对钾在各营养器官中的转化分配以及作物对钾的吸收与运输产生显著影响，向土壤中施入适量氮肥可以促进钾的转运速度，提高产品的质量与品质[56]。在苦荞的生长期，除黑丰的对照 1 外，其他处理的土壤全钾均表现为先增加后降低，这可能是由于钾是防止作物倒伏的重要元素，在苦荞生长前期对于钾的需求量大，会通过根系储存大量的钾以供苦荞吸收利用。土壤铵态氮、单糖酶与多糖酶也大多表现为先增加后降低，表明在花期苦荞生长旺盛，根系活力高，微生物活性较高，促进根系分泌大量的单糖酶与多糖酶，使土壤释放大量易利用的氮源。研究表明，同一作物的不同品种对钾的吸收和利用效率之间存在很大差异[57,58]。

参考文献

[1] 陈伟，杨洋，崔亚茹，等．低氮对苦荞苗期土壤碳转化酶活性的影响[J]．干旱地区农业研究，2019，37（4）：132－138.

[2] 路花，张美俊，冯美臣，等．氮肥减半配施有机肥对燕麦田土壤微生物群落功能多样性的影响［J］．生态学杂志，2019，38（12）：3660－3666.

[3] Qiu J，Li Z，Qin Y，et al. Protective effect of tartary buckwheat on renal function in type 2 diabetics：a randomized controlled trial［J］. Therapeutics and Clinical Risk Management，2016，12：1721－1727.

[4] 张乐，何红波，章建新，等．不同用量葡萄糖对土壤氮素转化的影响[J]．土壤通报，2008，39（4）：775－778.

[5] Loiseau P，Soussana J F. Elevated CO_2，temperature increase and N supply effects on the accumulation of below-ground carbon in a temperate grassland ecosystem［J］. Plant and Soil，1999，212：2123－2131.

[6] Ram O D S E，Kurt H J，Nathan P，et al. Soil fertility limits carbon sequestration by forest ecosystems in a CO_2^- enriched atmosphere［J］. Nature，2001，411：469 － 472.

[7] Sattelmacher B，Gerendas J，Thoms K，et al. Interaction between root growth and mineral nutrition［J］. Environmental and Experimental Botany，1993，33（1）：63－73.

[8] 边雪廉，赵文磊，岳中辉，等．土壤酶在农业生态系统碳、氮循环中的作用研究进展［J］．中国农学通报，2016，32（4）：171－178.

[9] 叶俊，王小丽，Pablo G P，等．有机和常规生产模式下菜田土壤酶活性差异研究［J］．中国生态农业学报，2012，20（3）：279－284.

[10] 闫颖，袁星，樊宏娜．五种农药对土壤转化酶活性的影响［J］．中国环境科学，2004，24（5）：77－80.

[11] 王启兰，曹广民，王长庭．放牧对小嵩草草甸土壤酶活性及土壤环境因素的影响［J］．植物营养与肥料学报，2007，13（5）：856－864.

[12] 张楚，张永清，路之娟，等．低氮胁迫对不同苦荞品种苗期生长和根系生理特征的影响［J］．西北植物学报，2017，7：1331－1339.

[13] 郑有飞，石春红，吴芳芳，等．大气臭氧浓度升高对冬小麦根际土壤酶

活性的影响［J］．生态学报，2009，29（8）：4386－4391.

［14］Chen W，Zhang L，Li X，et al. Elevated ozone increases nitrifying and denitrifying enzyme activities in the rhizosphere of wheat after 5 years of fumigation［J］. Plant and Soil，2015，392（1－2）：279－288.

［15］陈伟，崔亚茹，杨洋，等．苦荞根系分泌有机酸对低氮胁迫的响应机制［J］．土壤通报，2019，50（1）：149－156.

［16］王佳，陈伟，张强，等．低氮胁迫对不同耐瘠性苦荞土壤氮转化酶活性的影响［J］．水土保持研究，2021，28（5）：47－53.

［17］Wang Q L，Cao G M，Wang C T. The impact of grazing on the activities of soil enzymes and soil environmental factors in alpine Kobresia pygmaea meadow［J］. Plant Nutrition and Fertilizer Science，2007，13（5）：856－864.

［18］耿贵．作物根系分泌物对土壤碳、氮含量、微生物数量和酶活性的影响［D］．沈阳：沈阳农业大学，2011.

［19］赵仁竹．吉林西部盐碱水田不同土壤质地酶活性与有机碳的变化规律及关系研究［D］．长春：吉林大学，2016：2

［20］张英英，蔡立群，武均，等．不同耕作措施下陇中黄土高原旱作农田土壤活性有机碳组分及其与酶活性间的关系［J］．干旱地区农业研究，2017，35（1）：1－7.

［21］梁国鹏．施氮水平下土壤呼吸及土壤生化性质的季节性变化［D］．北京：中国农业科学院，2016.

［22］Wu H，Li Q，Lu C，et al. Elevated ozone effects on soil nitrogen cycling differ among wheat cultivars［J］. Applied Soil Ecology，2016，108：187－194.

［23］田善义，王明伟，成艳红，等．化肥和有机肥长期施用对红壤酶活性的影响［J］．生态学报，2017，37（15）：4963－4972.

［24］付智丹，周丽，陈平，等．施氮量对玉米/大豆套作系统土壤微生物数量及土壤酶活性的影响［J］．中国生态农业学报，2017，25（10）：1463－1474.

［25］尹微琴，景浩祺，王亚波，等．O_3 浓度升高对小麦根际土壤酶活性和有机酸含量的影响［J］．应用生态学报，2018，29（2）：547－553.

［26］张丽莉，张玉兰，陈利军，等．稻—麦轮作系统土壤糖酶活性对开放式 CO_2 浓度增高的响应［J］．应用生态学报，2004，15（6）：

1019－1024.
[27] Geisseler D，Horwath W R. Relationship between carbon and nitrogen availability and extracellular enzyme activities in soil [J] . Pedobiologia，2010，53 (1)：87－98.
[28] Kubicek C P，Messner R，Gruber F，et al. The Trichoderma cellulase regulatory puzzle：from the interior life of a secretory fungus [J]. Enzyme and Microbial Technology，1993，15 (2)：90－99.
[29] Turner B L，Hopkins D W，Haygarth P M，et al. β－Glucosidase activity in pasture soils [J] . Applied Soil Ecology，2002，20 (2)：157－162.
[30] Kumar M，Khanna S. Shift in microbial population in response to crystalline cellulose degradation during enrichment with a semi-desert soil [J]. International Biodeterioration and Biodegradation，2014，88：134 － 141.
[31] Sinsabaugh R L，Antibus R K，Linkins A E，et al. Wood decomposition over a first-order watershed：mass loss as a function of lignocellulase activity [J] . Soil Biology and Biochemistry，1992，24 (8)：743－749.
[32] Zeglin L H，Stursova M，Sinsabaugh R L，et al. Microbial responses to nitrogen addition in three contrasting grassland ecosystems [J]. Oecologia，2007，154 (2)：349－359.
[33] Bakshi M，Varma A，Das S K，et al. Soil Enzymology [M]. Berlin：Springer，2010.
[34] 孙锋，赵灿灿，李江涛，等. 与碳氮循环相关的土壤酶活性对施用氮磷肥的响应 [J] . 环境科学学报，2014，34 (4)：1016－1023.
[35] Henriksen T M，Breland TA. Nitrogen availability effects on carbon mineralization，fungal and bacterial growth，and enzyme activities during decomposition of wheat straw in soil [J] . Soil Biology and Biochemistry，1999，31 (8)：1121－1134.
[36] Dhillion S S，Roy J，Abrams M. Assessing the impact of elevated CO_2 on soil microbial activity in a Mediterranean model ecosystem [J] . Plant and Soil，1996，187 (2)：333－342.
[37] Marschner H. Mobilization of mineral nutrients in the rhizosphere by root exudates [J] . Transactions International Congress Soil Science，1990：1－11.
[38] 李小涵，李富翠，刘金山，等. 长期施氮引起的黄土高原旱地土壤不同

形态碳变化［J］．中国农业科学，2014，47（14）：2795－2803.
［39］苑学霞，林先贵，褚海燕，等．大气 CO_2 浓度升高对不同施氮土壤酶活性的影响［J］．生态学报，2004，26（1）：48－53.
［40］成艳红，黄欠如，武琳，等．稻草覆盖和香根草篱对红壤坡耕地土壤酶活性和微生物群落结构的影响［J］．中国农业科学，2017，50（23）：4602－4612.
［41］白银萍，海江波，杨刚，等．稻田土壤呼吸及酶活性对不同秸秆还田方式的响应［J］．应用与环境生物学报，2017，23（1）：28－32.
［42］崔艳荷，张威，何红波，等．外源氮素添加对森林土壤氨基糖转化的影响［J］．生态学杂志，2016，35（4）：960－965.
［43］严金龙．湿地、稻田土壤酶分布与活性及生态功能指示［D］．南京：南京农业大学，2011.
［44］张楚，张永清，路之娟，等．苗期耐低氮基因型苦荞的筛选及其评价指标［J］．作物学报，2017，43（8）：1205－1215.
［45］谢孟林，李强，查丽，等．低氮胁迫对不同耐低氮性玉米品种幼苗根系形态和生理特征的影响［J］．中国生态农业学报，2015（8）：946－953.
［46］张美俊，乔治军，杨武德，等．不同糜子品种对低氮胁迫的生物学响应［J］．植物营养与肥料学报，2014，20（3）：661－669.
［47］路之娟，张永清，张楚，等．不同基因型苦荞苗期抗旱性综合评价及指标筛选［J］．中国农业科学，2017，50（17）：3311－3322.
［48］温丽乐，王平．氮、磷施用水平对土壤水肥状况及玉米产量的影响［J］. 作物研究，2022（1）：15－17.
［49］吴雅薇，李强，豆攀，等．低氮胁迫对不同耐低氮玉米品种苗期伤流液性状及根系活力的影响［J］．植物营养与肥料学报，2017，23（2）：278－288.
［50］董璐，张永清，杨春婷，等．氮磷肥配施对苦荞根系生理生态及产量的影响［J］．西北植物学报，2018，38（5）：947－956.
［51］徐钧．施肥对玉米根际土壤特性的影响［D］．郑州：河南农业大学，2016.
［52］梁银丽．土壤水分和氮磷营养对冬小麦根系生长及水分利用的调节［J］. 生态学报，1996，16（3）：256－264.
［53］张岁岐，山仑，赵丽英．土壤干旱下氮磷营养对玉米气体交换的影响

[J]. 植物营养与肥料学报，2002，8 (3)：271-725.

[54] 郑小能，王生海，柳苗苗，等. 不同磷钾肥施用量对设施葡萄果实品质和产量的影响 [J]. 新疆农业科学，2018，55 (7)：57-65.

[55] 杨春婷，张永清，马星星，等. 苦荞耐低磷基因型筛选及评价指标的鉴定 [J]. 应用生态学报，2018，29 (9)：2997-3007.

[56] Sanford D A V，Mackown C T. Cultivar differences in nitrogen remobilization during grain fill in soft red winter wheat1 [J]. Crop Science，1987，27 (2)：295-300.

[57] 王楚天. 8个油茶品种形态和氮磷钾营养特征差异及其相关性研究 [D]. 南昌：江西农业大学，2017.

[58] Kasurinen A，Keinnen M M，Kaipainen S，et al. Below-ground responses of silver birch trees exposed to elevated CO_2 and O_3 levels during three growing seasons [J]. Global Change Biology，2010，11 (7)：1167-1179.

5

低氮胁迫下不同耐瘠性苦荞对土壤氮转化酶活性的影响

土壤酶是一种比较稳定的蛋白质，具有催化功能[1-3]。土壤中微生物、植物根系分泌物以及动植物残体的腐解均可以释放酶到土壤中[4]。例如许多真菌和细菌可将纤维素酶、果胶酶和淀粉酶等胞外酶释放到土壤中，真菌中的尖孢镰刀菌可产生脂肪酶[5,6]。植物根系可以分泌一些酶并释放到根际土壤中，使根际土壤的酸碱度发生变化，例如小麦的根系会分泌淀粉酶及蛋白酶，玉米根系可以分泌一些可溶性酶。另外，植物枯枝落叶的分解也可以释放一系列的土壤酶[7]。但是土壤酶活性受很多环境因子的影响，例如土壤水分、养分、温度和人为因素等影响[8,9]。

氮素被施入土壤中时，其转化主要为分 4 个过程：同化、氨氧化、硝化-反硝化和氮固定，在氮转化过程中均可能涉及土壤酶的驱动作用。土壤酶对土壤养分的转换和氮素的循环起调节作用[10]，指示土壤养分转化过程的强弱[11]。土壤脲酶（Urease）、蛋白酶（Protease）、铵氧化酶（Ammoxidase activities）和硝酸还原酶（Nitrate reductase，Nar）等是参与土壤氮素循环的重要酶[12,13]。然而，以上这些酶在不同苦荞根际土壤中活性变化研究比较缺乏，以及它们如何影响土壤氮转化的机理认识尚不够清楚。前人的研究表明，脲酶可以迅速分解尿素态氮为矿质态氮，其分解的速度是自然分解速度的 1 014 倍[14]，为硝化作用提供所需的底物。土壤酶活性受底物和产物浓度的影响较大[15]，其中 NH_4^+ 和 NO_3^- 分别是硝化酶的底物和产物[16]，高浓度的产物会抑制酶活性，相反低浓度终产物会促进酶活性[17]。铵氧化酶参与硝化反应的第一步，被认为是硝化作用的限速步骤。蛋白酶被认为是氮素矿化的限速步骤[3]，它需要将氮素分解为低分子量化合物，并进一步转化为NH_4^+，以供植物所需。

土壤酶参与土壤中的氮素转化、物质循环和能量流动过程，它是土壤发生、发育以及土壤肥力形成和演变过程的重要参与者，是土壤生态系统中最为活跃的有机成分之一[18-21]。土壤酶活性高低可以反映土壤中物质代谢的活动程度，可以作为评价土壤肥力、土壤质量以及微生物活性的重要指标之一[22]。提高土壤酶活性，能够使土壤的代谢作用得到增强，从而改善土壤的养分形态，提高土壤肥力，改善土壤性质，能够促进植物生长，有利于作物增产增收[23]。其中，土壤脲酶、铵氧化酶、硝酸还原酶和蛋白酶活性在土壤氮素转化过程中发挥了重要作用[24,25]，因此研究不同施氮处理条件下土壤酶活性变化对全面分析土壤的氮转化过程和机制具有重要的现实意义[26,27]。

5.1 低氮胁迫下不同耐瘠性苦荞对土壤脲酶活性的影响

土壤中的脲酶能促进土壤中尿素水解成二氧化碳和铵[28]，是决定土壤中氮转化的关键酶，主要来源于微生物和植物根系分泌物，通常被用来衡量土壤的肥力状况[29]。大量研究表明，土壤中的脲酶活性与全氮、碱解氮、有机质含量及微生物数量呈显著相关性，通常认为因为土壤氨挥发所造成的氮素损失也与脲酶活性强弱有关。

在苦荞整个生长期，DQ 和 HF 两个品种不同氮处理下，土壤脲酶活性随苦荞的生长发育均表现出不同趋势。同时，在苦荞整个生长期，两种苦荞的土壤脲酶活性表现差别较大（图 5 - 1）。品种、氮处理及其交互作用均对苦荞土壤脲酶活性产生极显著影响

（$P<0.01$）。

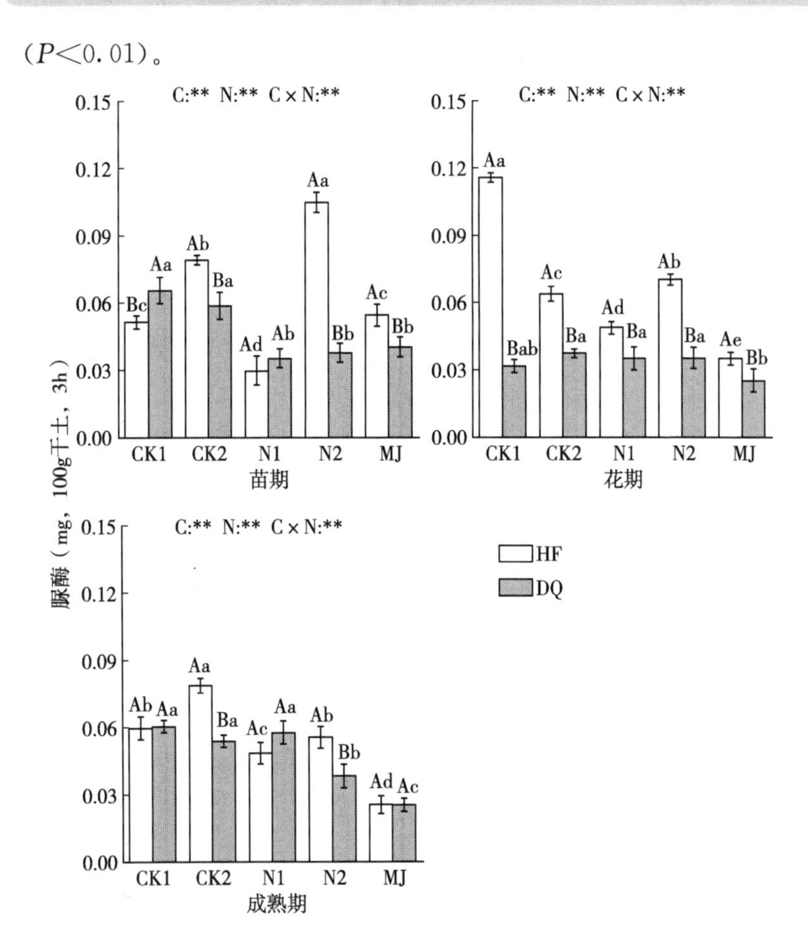

图 5-1　土壤脲酶活性

注：HF，黑丰苦荞，不耐低氮品种。DQ，迪庆苦荞，耐低氮品种。CK1，不施肥。CK2，不施氮肥。N1，低氮处理。N2，正常供氮。MJ，臭氧灭菌。C，品种。N，处理。C×N，品种和处理的交互作用。**，有极显著差异。

在苦荞苗期，除 N1 处理外，HF 和 DQ 脲酶活性均存在显著差异（$P<0.05$）。CK1、N2 处理下 DQ 的脲酶活性比 HF 高；而在 CK2、N1 和 MJ 处理下则表现为 DQ <HF，DQ 比 HF 分别低 35.07%、181.32%和 36.62%。HF 苦荞的 5 个处理之间脲酶活性

差异显著，N2 处理下脲酶活性明显高于其他处理，N2 处理比 N1 处理高了 140.98%。

在苦荞花期，5 种处理下 DQ 的脲酶活性均低于 HF，分别低 269.35%、72.12%、41.24%、102.24%和 40.1%（CK1、CK2、N1、N2、MJ）。HF 苦荞的脲酶活性在 CK1 处理下最高，在 MJ 处理下最低。CK1 处理是 MJ 处理的 2.3 倍。DQ 苦荞的脲酶活性也表现为 MJ 处理下最低，比 CK1 低 7.28%。

在苦荞成熟期，两种苦荞在 CK2 处理和 N2 处理下脲酶活性差异显著（$P<0.05$），CK2 处理和 N2 处理下 DQ 比 HF 分别低 46.51%和 45.97%，但在其他 3 种处理中脲酶活性差异不显著。HF 苦荞在 CK2 处理下脲酶活性最高，MJ 处理下脲酶活性最低，CK1 处理下脲酶活性比 MJ 处理下高了 1.3 倍，而在 CK1、N1 和 N2 处理下脲酶活性差异不显著。DQ 苦荞在 CK1、CK2 和 N1 处理下，脲酶活性差异不显著。MJ 处理下脲酶活性显著降低，比 CK1 处理低了 138.92%。

由于尿素是脲酶的专性底物，因此在尿素施入土壤后，大量底物的刺激使脲酶活性显著提高。在作物成熟期，一般情况下，所施入的尿素已完全水解，但由于脲酶是胞外酶（灭菌处理很好证明了脲酶是胞外酶），在土壤团聚体及有机质的保护下，脲酶可以在土壤中积累，这可能是造成脲酶活性在成熟期依然很高的原因。另外，在低氮胁迫下，可能会提高以氮为基础的次生物质合成基因的表达，使黄酮等具有抗氧化活性的化合物含量升高，意味着植物需要吸收更多的氮素来满足自身生理需求[30]，苦荞对氮素需求量的提高会使脲酶催化作用的产物——土壤 NH_4^+ 更迅速和更强烈发生硝化作用而被消耗，脲酶活性在此情况下显著升高，用于满足生长中对 NH_4^+ 的需求，这是酶调解机制的表现[29]。本处理中，苦荞品种在 3 个生育时期均对脲酶活性产生了极显著的影响，植株可以通过根系分泌物调节（胞外酶的调节）养分有效性可能是植物养分获取的一种补充策略。

因作物苗期前施入尿素，水解过程一般受很多因素的影响且具有一定的时间差，因此根际土壤脲酶活性在苗期没有花期和成熟期明显。施氮会促进土壤微生物生长繁殖，同时使根际土壤酶活性提高[3]，有研究表明施肥能明显增加土壤中的酶活性（纤维素降解酶、脲酶、蛋白酶等），促进有机物质矿化[31]，而不同作物品种之间也存在差异[32]。

5.2 低氮胁迫下不同耐瘠性苦荞对土壤蛋白酶活性的影响

蛋白酶是土壤中有机氮水解的关键酶，能催化有机氮生成氨基糖、氨基酸和多肽，可使总氮有效性增加，蛋白酶活性最开始由底物诱导，不受总氮增加的影响[29]，对含水量很敏感[33]，最适 pH 为 8。蛋白酶参与蛋白质氮有机化合物的转化，其水解产物是植物氮源的重要组成部分[20]。土壤总氮的 40%是以蛋白质形式存在的，这种物质需要分解为低分子量化合物，将高分子蛋白质降解为较小的化合物和氨基酸，才可以被植物根系吸收。土壤中蛋白酶活性的高低是衡量土壤中氮素营养状况的一个重要指标。有研究表明，蛋白酶活性与有效态氮存在相关关系，当土壤中硝酸盐含量增多时，蛋白酶活性会降低[28]。

由图 5-2 可知，在苦荞的整个生育期内，品种对蛋白酶活性产生极显著影响（$P<0.01$），氮处理以及氮处理和品种的交互作用对蛋白酶活性影响不显著。

在苦荞苗期，CK1、CK2、N1、N2、MJ 处理下两种苦荞蛋白酶活性存在显著性差异（$P<0.05$），除 N2 外其余处理均表现为 HF 高于 DQ。HF 在 N1 处理下蛋白酶活性分别是 CK1、CK2、N2 和 MJ 处理的 71.64%、116.38%、115.99%和 62.60%；DQ 苦荞土壤蛋白酶活性在 N2 处理下分别是 CK1、CK2、N1、MJ 的 186.84%、463.88%、56.82%和 886.69%，而 CK2 与 MJ 处理之间差异不显著。

在苦荞花期，同一处理下两种苦荞蛋白酶活性仍存在显著性差

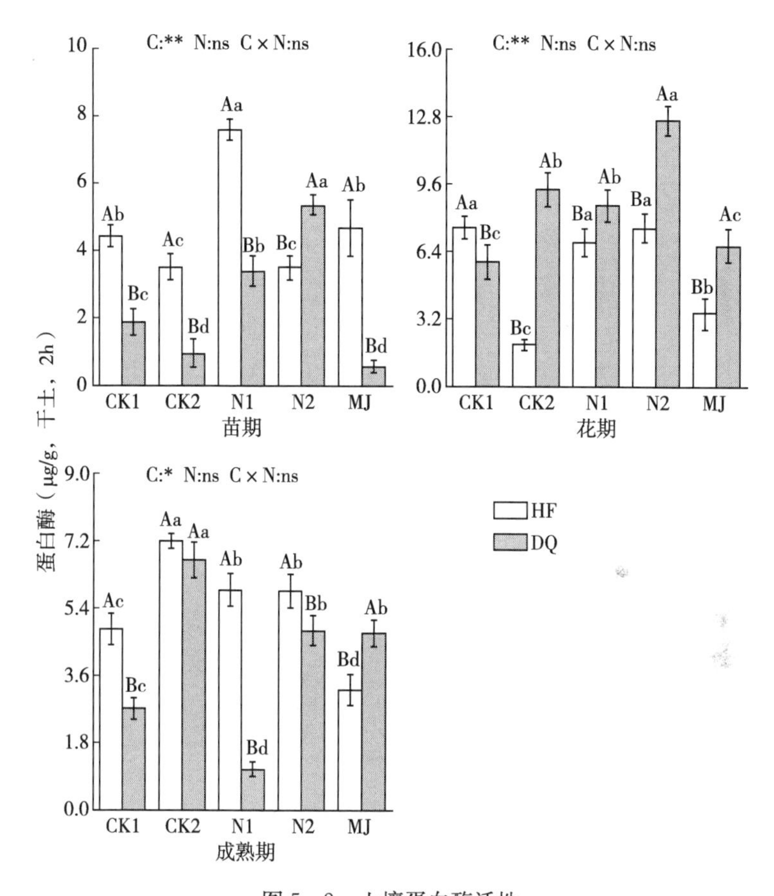

图 5-2　土壤蛋白酶活性

注：HF，黑丰苦荞，不耐低氮品种。DQ，迪庆苦荞，耐低氮品种。CK1，不施肥。CK2，不施氮肥。N1，低氮处理。N2，正常供氮。MJ，臭氧灭菌。C，品种。N，处理。C×N，品种和处理的交互作用。*，有显著性差异。**，有极显著差异。ns，无显著差异。

异（$P<0.05$），除 CK1 外，CK2、N1、N2 和 MJ 处理下均表现为 HF 低于 DQ，HF 的蛋白酶活性分别比 DQ 低了 78.72%、20.53%、40.02%、48.04%。HF 苦荞根际土壤蛋白酶活性在 CK1、N1、N2 处理下不存在差异，DQ 苦荞在 N2 处理下根际土

壤蛋白酶活性最高，分别是 CK1、CK2、N1、MJ 的 112.6%、34.7%、45.9%、87.9%。

在苦荞成熟期，两种苦荞品种除 CK2 外其余处理均存在显著性差异（$P<0.05$），在 CK1、N1、N2 处理下 HF 的蛋白酶活性分别比 DQ 高 78.4%、447.2%、22.1%，但是在 MJ 处理下，DQ 的蛋白酶活性比 HF 高 46.4%。HF 在 CK2 处理下蛋白酶活性最高，而 N1 处理与 N2 处理不存在显著性差异。DQ 同样在 CK2 处理下酶活性最高，分别是其他几种处理的 145.6%、520.2%、39.0%、40.8%（CK1、N1、N2、MJ），N2 处理与 MJ 处理不存在差异。

蛋白酶是典型的底物诱导酶，苦荞开花期之前由于施氮量的增加，HF 和 DQ 的土壤蛋白酶活性随之增加。郭天财等研究发现，随植株生育期的发展，蛋白酶活性在成熟期之前先上升后下降，而且在成熟期之前植株根系土壤蛋白酶活性随施氮量的增加而增加[34]。同时，在成熟期的低氮处理下，HF 的土壤蛋白酶活性比 DQ 高。低氮胁迫使土壤的化学性质发生变化进而间接影响土壤酶的活性。研究表明，土壤中硝酸盐增多时，蛋白酶的活性会降低[35]。另外，全钾对土壤酶活性也起到显著的作用，土壤中钾元素能够促进氮素的吸收，提高氮的利用效率[36]。

5.3 低氮胁迫下不同耐瘠性苦荞对土壤铵氧化酶活性的影响

在土壤生态系统中，氮素是植物生长发育和品质形成所必需的营养元素，土壤中的氮素主要为有机氮，无机氮（主要为铵态氮和硝态氮）仅占土壤全氮的 1%左右[37]。大分子有机态氮素很难被植物直接吸收利用，需要通过氨化和硝化作用才能将其转化为能被植物直接吸收利用的无机态氮（铵态氮和硝态氮）[38-41]。铵化作用是指有机氮化合物通过微生物分解而产生铵的过程。产生的铵，一部分会被微生物固持以及植物吸收利用，或者被黏土矿物质固定，另一部分则通过硝化作用转变成硝酸盐。

在苦荞苗期，HF 和 DQ 的土壤铵氧化酶活性在 CK2、N1、N2 处理下存在显著差异（$P<0.05$），但是在 CK1 和 MJ 处理下差异不显著（图 5-3）。在 CK2、N1、N2 处理下，苦荞土壤铵氧化酶活性均表现为 DQ>HF。HF 的 5 种处理中，苦荞土壤铵氧化酶活性在 CK1、CK2、MJ 处理下差异不显著，但是在 N2 处理下铵氧化酶活性是 N1、CK1、CK2 和 MJ 的 2.2 倍、10.6 倍、15.3 倍和 17.5 倍，在 N1 处理下铵氧化酶活性是 CK1、CK2、MJ 的 2.6 倍、4.1 倍和 4.7 倍。DQ 的 5 种处理中，苦荞土壤铵氧化酶活性在 CK1 和 MJ 处理下差异不显著，但是苦荞土壤铵氧化酶活性在 N2 处理下比 N1、CK2、CK1、MJ 处理下分别增加了 1.9 倍、7.3 倍、40.1 倍和 31.2 倍。

在苦荞花期，苦荞土壤铵氧化酶活性在 CK1、CK2、N2 处理下存在显著差异（$P<0.05$）。在 CK1 处理下表现为 DQ>HF，但是在 CK2、N2 处理下表现为 HF>DQ。HF 的 5 种处理中，苦荞土壤铵氧化酶活性在 CK1、N1 处理下差异不显著，同时此两种处理与 CK1、CK2、MJ 处理之间存在显著差异（$P<0.05$），表现为 CK2>N2>CK1、N1>MJ，苦荞土壤铵氧化酶活性在 CK2 处理是 N2、CK1、N1 和 MJ 处理的 11.5%、1.9 倍、2.2 倍和 5.6 倍。在 DQ 的 5 种处理中，苦荞土壤铵氧化酶活性在 N2 处理下较 CK1、N1、CK2、MJ 处理分别增加了 40.7%、1.1 倍、2.6 倍和 5.8 倍。

在苦荞成熟期，苦荞土壤铵氧化酶在 CK1、CK2、N1、N2 和 MJ 处理下均存在显著差异（$P<0.05$），HF 的土壤铵氧化酶活性与 DQ 相比，分别在 CK1、N1 和 MJ 处理下增加了 1.2 倍、46.7%和 1.8 倍。HF 的 5 种处理中，苦荞土壤铵氧化酶在 CK2、N2 处理下差异不显著，但是在 N1、N2 与 MJ 处理下差异不显著（$P>0.05$），CK1 与其他 4 种均存在显著差异（$P<0.05$）。苦荞土壤铵氧化酶活性在 CK1 处理下比 CK2、N2、MJ、N1 处理下分别增加了 43.3%、71.5%、82.8%、88.3%。DQ 的 5 种处理中，苦荞土壤铵氧化酶活性在 CK2 处理下是 N2、CK1、N1、MJ 处理的 1.5 倍、2.2 倍、2.7

倍和 4.9 倍，苦荞土壤铵氧化酶活性在 N2 处理下分别是 CK1、N1、MJ 处理下的 1.4 倍、1.7 倍和 3.3 倍。

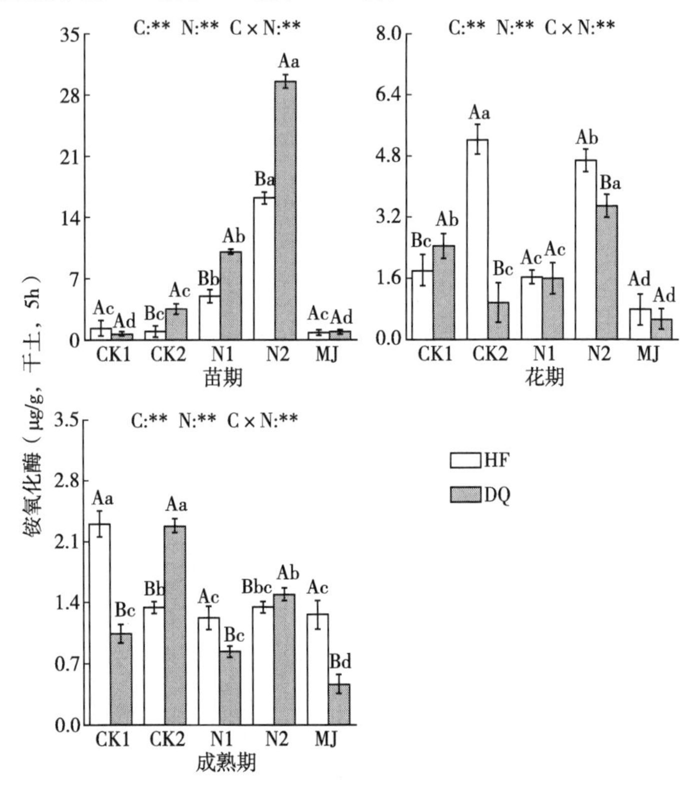

图 5－3　土壤铵氧化酶活性

注：HF，黑丰苦荞，不耐低氮品种。DQ，迪庆苦荞，耐低氮品种。CK1，不施肥。CK2，不施氮肥。N1，低氮处理。N2，正常供氮。MJ，臭氧灭菌。C，品种。N，处理。C×N，品种和处理的交互作用。**，有极显著差异。

本试验中，幼苗期的低氮处理下，HF 土壤根际铵氧化酶活性比 DQ 低，而成熟期，DQ 的土壤铵氧化酶活性比 HF 高。苦荞通过对土壤中氮素形态选择性吸收对根际土壤的 pH 产生影响，例如，植株吸收铵态氮时，会使硝态氮在根际土壤富集从而导致根际土壤 pH 升高，同理，植株选择性吸收硝态氮时，根际土壤铵态氮富集致使根际土壤 pH 降低。而 pH 又反作用于土壤能够改变土壤中氨（NH_3）的存在状态，对土壤硝化作用的底物产生影响进而影响铵氧化酶的活性，因此苦荞生育期根际土壤铵氧化酶活性的变化与 pH 的变化一致。同时，相关分析结果显示铵氧化酶活性与 pH 呈正相关，这与本文的结果相互印证。而作物对土壤中氮素形态的选择性吸收偏好可以显著提高土壤氮肥利用效率[42]，从而能更好地应对土壤氮素胁迫环境。

5.4 低氮胁迫下不同耐瘠性苦荞对土壤硝酸还原酶活性的影响

硝酸还原酶能反映土壤硝酸根的转化情况[43]。硝酸还原酶活性的变化与土壤温度、NH_4^+ 和土壤氧气含量密切相关。最适宜温度是 20～35℃，最适 pH 为 7，所以常温下，一旦底物满足需求，硝酸还原酶的活性很强。硝酸还原酶活性大小可以反映土壤中氮素转化的作用强度。

如图 5－4 所示，在苦荞苗期和成熟期，处理、品种及其交互作用对苦荞土壤硝酸还原酶均产生极显著影响（$P<0.01$）。但是在苦荞花期处理对苦荞土壤硝酸还原酶活性无影响，品种及与处理交互作用均对苦荞土壤硝酸还原酶活性产生极显著影响（$P<0.01$）。

在苦荞苗期，HF 和 DQ 的土壤硝酸还原酶活性在 MJ 处理下差异不显著，但是在 CK1、CK2、N1、N2 处理下存在显著差异（$P<0.05$）。HF 的 5 种处理中，苦荞土壤硝酸还原酶活性在 CK1、CK2、N1、N2、MJ 处理下均存在显著差异（$P<0.05$），表现为 N1＞CK2＞N2＞CK1＞MJ 。DQ 的 5 种处理中，苦荞土壤硝酸还原酶活性在 CK1、CK2、N1、N2、MJ 处理下均存在显著差异（$P<0.05$），表现为 N1＞CK1＞N2＞CK2＞MJ 。苦荞土壤硝酸还原酶活性在 N1 处理下较 CK1 处理增加了 16.6%，在 CK1 处理下较 N2 处理增加了 17.1%，在 N2 处理下较 CK2 处理增加了

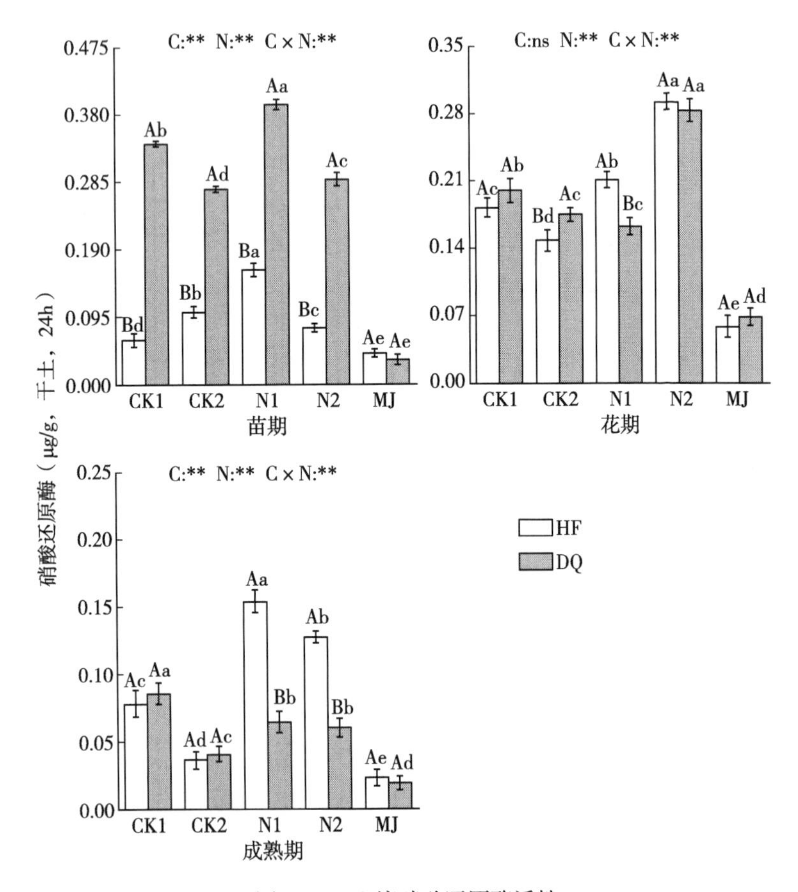

图 5-4　土壤硝酸还原酶活性

注：HF，黑丰苦荞，不耐低氮品种。DQ，迪庆苦荞，耐低氮品种。CK1，不施肥。CK2，不施氮肥。N1，低氮处理。N2，正常供氮。MJ，臭氧灭菌。C，品种。N，处理。C×N，品种和处理的交互作用。**，有极显著差异。ns，无显著差异。

5.0%，在 CK2 处理下较 MJ 处理增加了 6.9 倍。

在苦荞花期，除在 CK2、N1 处理下苦荞土壤硝酸还原酶活性呈现显著差异（$P<0.05$）外，苦荞土壤硝酸还原酶活性在其他 3 种处理下均差异不显著。在 CK2 处理下，苦荞土壤硝酸还原酶活性 DQ 较 HF 增加了 17.9%；在 N1 处理下，DQ 较 HF 降低了

17.2%。HF 的 5 种处理中，苦荞土壤硝酸还原酶活性在 CK1、CK2、N1、N2、MJ 处理下均存在显著差异（$P<0.05$），表现为 N2＞N1＞ CK1＞CK2＞MJ。DQ 的 5 种处理中，苦荞土壤硝酸还原酶活性在 CK2 和 N1 处理下差异不显著，同时这两种处理与 CK1、N2 和 MJ 3 种处理存在显著差异（$P<0.05$），表现为 N2＞CK1＞CK2、N1＞MJ。

在苦荞成熟期，苦荞土壤硝酸还原酶在 CK1、CK2 和 MJ 处理下无差异（$P>0.05$），在 N1 和 N2 处理下差异显著（$P<0.05$）。在 N1 和 N2 处理下，苦荞土壤硝酸还原酶活性 HF 与 DQ 相比分别降低了 57.6%和 52.4%。HF 的 5 种处理中，苦荞土壤硝酸还原酶活性在 CK1、CK2、N1、N2、MJ 处理下均存在显著差异（$P<0.05$），表现为 N1＞N2＞CK1＞CK2＞MJ 。DQ 的 5 种处理中，苦荞土壤硝酸还原酶活性在 N1 和 N2 处理下差异不显著，同时这两种处理与 CK1、CK2 和 MJ 处理存在显著差异（$P<0.05$），表现为 CK1＞N1、N2＞CK2＞MJ。

硝酸还原酶的最适 pH 为 7，可以把土壤中的 NO_3^- 还原为 NO_2^-，一部分 NO_2^- 可以通过反硝化途径转化为 NO_2 或者 N_2 排出土体，但是还有一部分 NO_2^- 可以通过硝酸盐异化还原为铵的途径重新保留在土壤中，再次形成植物可利用的氮源[44]。有研究表明，当 C/NO_3^- 比值大于 12 时，硝酸盐异化还原成铵的活性更强[45]。硝酸盐异化还原成铵的过程中也会产生 N_2O，并认为这是一种微生物的解毒机制，可以防止高浓度 NO_2^- 的毒害作用[46]。当土壤中的碳源受到限制时，硝酸盐异化还原成铵的比率反而很高，并且该过程比反硝化过程更有优势[47]。而施肥可以限制土壤硝酸还原酶的活性，因为硝酸还原酶以 NO_3^- 作为电子受体。本研究中苗期 DQ 苦荞的氮肥处理下硝酸还原酶活性显著高于 HF，而 MJ 处理反而无差异，说明 DQ 的根际土壤中氮转化过程中微生物起到了关键的作用，苗期苦荞生长旺盛，需要大量的营养元素来满足前期生长，可以通过调节根际土壤微生物的群落结构来应对这种氮素胁迫环境，即耐低氮的品种在胁迫环境下的反应速度要更快一些。而花期和成熟期硝酸还原酶的活性表现出和苗期相反的趋势，可能是因为谷类作物可以协调自身元素的转移，作为耐低氮品种，在前期吸收了足够的氮素，对于后期的需求可以通过内部元素转移来调节。通过灭菌处理和其他氮肥处理可知，硝酸还原酶的活性更多是受微生物的限制，而根系分泌物可以很好地控制微生物的群落组成和结构，所以关于 NO_3^- 和 NO_2^- 之间的转化部分应该更多关注相关土壤微生物的研究。

5.5 低氮胁迫下环境因子对土壤氮转化酶活性的影响

图 5－5 冗余分析结果体现了土壤理化性质对苦荞苗期土壤铵氧化酶活性的影响，一轴可以解释 77.58%的变异程度，二轴可以解释 15.13%的变异程度。在图中，实心箭头表示环境因子，箭头连线长短表示该环境因子对样本分布的影响程度，长度越长，影响越大，反之越小。由表 5－1 可知，叶面积、有效磷、硝态氮、铵态氮、全氮、茎粗、全磷、有机质、有效钾等环境因子与苦荞根际氮转化酶活性存在显著差异且影响较大。有机碳和株高与苦荞根际氮转化酶活性存在显著差异，但影响较小。含水量、土壤酸碱度及全钾与苦荞根际铵氧化酶活性差异不显著，对苦荞铵氧化酶活性影响较小。表 5－2 表明，苦荞氮转化酶活性与叶面积、茎粗、株高等生长指标呈正相关，在苦荞各器官，包括根、茎、叶等快速生长时，对于氮元素的需求增大，苦荞根际氮转化过程活跃，因此氮转化酶活性也较高。苦荞氮转化过程因苦荞根际各种形态的氮元素包括 NO_3^-、NH_4^+ 等的含量变化而随之变化，因此苦荞氮转化酶活性受土壤氮素影响较大。二轴可以较好地将 HF 和 DQ 分开，说明不同的苦荞品种对于苦荞根际氮转化酶活性影响较大。

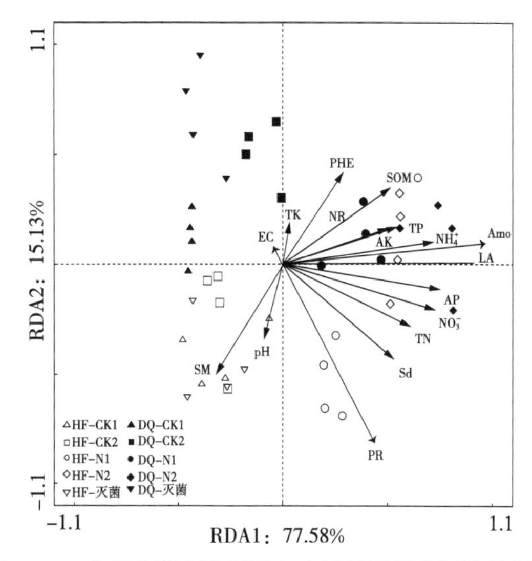

图 5-5 苦荞苗期环境因子和土壤氮转化酶活性的影响

注：Amo，铵氧化酶。PR，蛋白酶。NR，脲酶。EC，硝酸还原酶。PHE，叶面积。LA，茎高。Sd，茎粗。SOM，土壤有机质。SM，土壤水分。pH，土壤酸碱性。TP，土壤全磷。TK，土壤全钾。TN，土壤全氮。AP，土壤有效磷。AK，土壤速效钾。NH_4^+，土壤铵态氮。NO_3^-，土壤硝态氮。HF，黑丰1号苦荞。DQ，迪庆苦荞。CK1，不施肥。CK2，不施氮肥。N1，低氮处理。N2，正常供氮。MJ，臭氧灭菌处理。下同。

表 5-1 苦荞苗期环境因子和土壤氮转化酶活性的冗余分析排序

指标	LA	AP	NO_3^-	NH_4^+	TN	Sd	TP
F	72.88	31.46	28.90	26.89	17.49	13.15	13.06
P	0.002	0.002	0.002	0.002	0.002	0.002	0.002
排序	1	1	1	1	1	1	1
指标	SOM	AK	SOC	Phe	SM	pH	TK
F	11.77	9.80	11.77	3.94	5.10	0.97	0.32
P	0.002	0.002	0.004	0.042	0.18	0.35	0.66
排序	1	1	2	3	4	5	6

表 5-2　苦荞苗期环境因子和土壤氮转化酶活性的相关系数

指标	SM	pH	SOC	NH_4^+	TN	TP	TK
Amo	−0.275	−0.267	0.519**	0.677**	0.424**	0.500**	0.149
PR	0.191	0.276	−0.102	0.200	0.274	0.162	−0.149
EC	0.271	0.317*	0.028	−0.129	−0.024	−0.037	−0.315*
NR	−0.748**	−0.145	0.476**	0.252	−0.301	0.072	−0.348*
指标	NO_3^-	AP	AK	SOM	Phe	SD	LA
Amo	0.549**	0.556**	0.489**	0.519**	0.285	0.417**	0.822**
PR	0.459**	0.474**	0.103	−0.102	−0.187	0.572**	0.391*
EC	0.027	0.107	−0.004	0.028	−0.040	0.009	−0.012
NR	0.372*	0.408**	0.467**	0.476**	−0.085	−0.210	0.105

图 5-6 冗余分析（RDA）结果显示了苦荞花期环境因子对氮转化酶活性的影响，一轴可以解释 60.6%的变异程度，二轴可以解释 12.7%的变异程度。由图可知，一轴可以将两个品种的 MJ 处理、HF 的 CK2 处理以及 DQ 的 CK1 处理与其他处理很好分开，说明在苦荞花期不同处理之间各项指标有较为明显的差异。二轴可以将 HF 和 DQ 两个品种很好地区分开来，说明在苦荞花期不同品种具有一定的差异。

由冗余分析排序可知（表 5-3），在苦荞花期，环境因子中的土壤含水量、株高、pH 和全磷对土壤氮转化酶活性影响最大，均达到极显著水平（$P<0.01$），其次影响较大的为叶面积、硝态氮和全钾，均达到显著水平（$P<0.05$）。铵氧化酶与 pH、叶面积、硝态氮和全钾表现出正相关，与其余 3 个环境因子表现为负相关；蛋白酶除与含水量、pH 和全钾表现为负相关外，其余 4 个指标均表现为正相关；脲酶与含水量、pH 和叶面积表现为正相关，与株高、全磷、硝态氮和全钾表现为负相关；硝酸还原

酶除与含水量和全钾表现为负相关外，与其余 5 个环境因子均表现为正相关（表 5－4）。

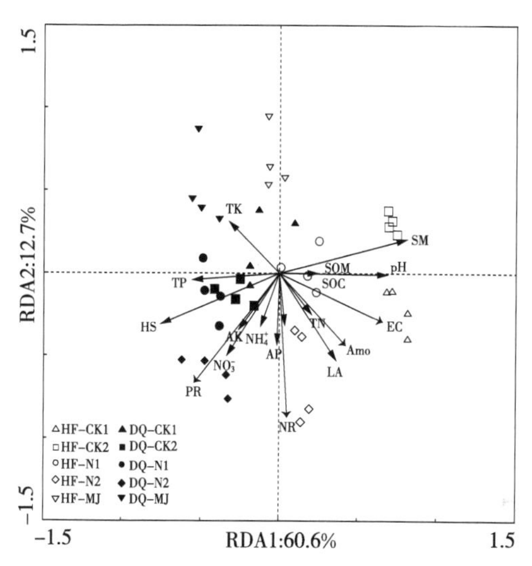

图 5－6　苦荞花期环境因子和土壤氮转化酶活性的影响

表 5－3　苦荞花期环境因子和土壤氮转化酶活性的冗余分析排序

指标	SM	pH	NO_3^-	TK	SOC	TN	NH_4^+
F	26.434	16.033	4.538	4.485	2.588	1.409	1.681
P	0.002	0.002	0.018	0.022	0.074	0.226	0.176
排序	1	3	6	7	10	13	12
指标	AP	TP	AK	SOM	Phe	SD	LA
F	1.857	9.319	2.879	2.588	23.008	1.469	6.136
P	0.142	0.002	0.05	0.064	0.002	0.256	0.014
排序	11	4	8	9	2	14	5

表 5-4　苦荞花期环境因子和土壤氮转化酶活性的相关系数

指标	SM	Phe	pH	TP	LA	NO_3^-	TK
铵氧化酶	0.424**	−0.047	0.359*	−0.116	0.666**	0.111	0.084
蛋白酶	−0.612**	0.482**	−0.503**	0.289	0.006	0.536**	−0.193
脲酶	0.445**	−0.495**	0.440**	−0.407**	0.293	−0.101	−0.450**
硝酸还原酶	−0.150	0.403**	0.235	0.033	0.640**	0.430**	−0.294

铵氧化酶与铵态氮表现出正相关关系，与其余环境因子表现为负相关关系；蛋白酶除与铵态氮、pH 和全氮表现为负相关外，其余指标均表现为正相关关系；脲酶除与全氮和全磷表现为正相关外，与其他指标均表现为负相关关系；硝酸还原酶除与硝态氮、全氮和全磷表现为正相关外，与其余环境因子均表现为负相关关系。

图 5-7 冗余分析（RDA）结果显示了苦荞成熟期环境因子对氮转化酶活性的影响，一轴可以解释 61.1%的变异程度，二轴可以解释 21%的变异程度。由图可知，一轴可以将两个品种的 MJ 处理、N2 处理以及 DQ 的 CK1 处理与其他处理分开，说明在苦荞成熟期不同处理之间各项指标有较为明显的差异。除 MJ 处理外，二轴可以将 HF 和 DQ 两个品种区分开来，说明在苦荞成熟期不同品种具有一定的差异。由冗余分析排序（表 5-5）可知，在苦荞成熟期，环境因子中的土壤含水量、全磷和硝态氮对土壤氮转化酶活性影响最大，均达到极显著水平（$P<0.01$），其次影响较大的为 pH、茎粗、有机碳、有效磷、有机质、铵态氮和全氮，均达到显著水平（$P<0.05$）。

表 5-6 显示，铵氧化酶与铵态氮表现出正相关关系，与其余环境因子表现为负相关关系；蛋白酶除与铵态氮、pH 和全氮表现为负相关外，其余指标均表现为正相关关系；脲酶除与全氮和全磷表现为正相关外，与其他指标均表现为负相关关系；硝酸还原酶除与硝态氮、全氮和全磷表现为正相关外，与其余环境因子均表现为负相关关系。

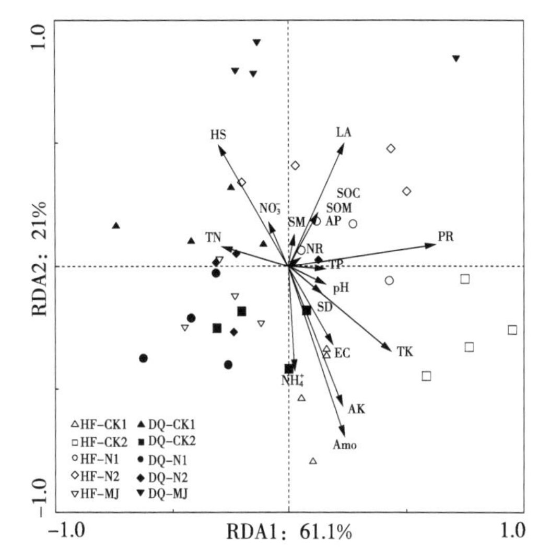

图 5-7　苦荞成熟期环境因子和土壤氮转化酶活性的影响

表 5-5　苦荞成熟期环境因子和土壤氮转化酶活性的冗余分析排序

指标	SM	pH	NO_3^-	TK	SOC	TN	NH_4^+
F	0.26	0.43	0.342	3.066	0.479	1.052	0.951
P	0.007	0.011	0.009	0.075	0.012	0.027	0.024
排序	1	4	3	14	6	10	9
指标	AP	TP	AK	SOM	Phe	SD	LA
F	0.479	0.295	2.304	0.479	2.391	0.481	2.078
P	0.012	0.008	0.057	0.012	0.059	0.012	0.052
排序	7	2	12	8	13	5	11

表 5-6　苦荞成熟期环境因子和土壤氮转化酶活性的相关系数

指标	SM	pH	NO_3^-	SOC	TN	NH_4^+	AP	TP	SOM	SD
Amo	−0.145	−0.209	−0.19	−0.202	−0.161	0.069	−0.202	−0.037	−0.202	−0.126
PR	−0.037	−0.033	0.044	0.024	−0.19	−0.047	0.024	0.057	0.024	0.056

（续）

指标	SM	pH	NO_3^-	SOC	TN	NH_4^+	AP	TP	SOM	SD
EC	−0.031	−0.016	−0.015	−0.057	0.083	−0.094	−0.057	0.017	−0.057	−0.006
NR	−0.465**	−0.081	0.239	−0.179	0.025	0.357*	−0.179	0.175	−0.179	0.329*

在苦荞苗期，土壤有效磷为土壤中能够被作物吸收的磷素，本研究中有效磷对苦荞土壤氮转化酶影响显著，且与4种氮转化酶活性呈正相关关系。磷在土壤中参与养分循环，可以有效促进根系的生长发育，促进土壤酶的分泌与作物的光合作用，增强其在贫瘠环境中的耐瘠性[48]，促进作物产量增加。苗期时，苦荞根系生长旺盛，磷素吸收旺盛，氮转化酶活性高。研究表明 NH_4^+ 是微生物的有效氮源，当向土壤中添加 NH_4^+ 时，微生物受氮素的限制解除，能够利用加入的氮素快速合成自身有机体的一部分[49]。硝态氮是土壤铵态氮在好气条件下经微生物作用形成的硝化产物，全氮含量代表着土壤中氮素的供应能力。冗余分析的结果表明，铵态氮、硝态氮和全氮对苦荞苗期的氮转化酶活性具有很高的影响。研究发现，土壤酶活性与有机质含量（尤其是有机碳和有机氮比例）直接相关，主要原因是充足的有机碳氮源促进了微生物的生长与繁殖，有机质与蛋白酶活性存在负相关关系，与铵氧化酶、脲酶、硝酸还原酶存在正相关关系，碳素的存在会对土壤氮素转化产生一定的促进作用，提高土壤微生物碳源利用率[50]。pH会影响土壤微生物的多样性和活性，在苦荞苗期，pH对苦荞氮转化酶活性影响不显著，与铵氧化酶及硝酸还原酶呈负相关关系，与蛋白酶及脲酶呈正相关关系。土壤含水量会影响土壤的理化性状和微生物活性，同时也是影响土壤氮素转化功能细菌的重要因素之一。苦荞苗期，根部生长不完全，对于土壤中水分的吸收不明显，且叶部也未完全生长，光合作用、蒸腾作用等不显著，对水分的消耗较小。

在苦荞花期，土壤含水量对氮转化酶的影响最大，原因可能在于土壤含水量会影响土壤的理化性状和微生物活性，同时也是土壤氮素转化功能细菌的一个重要环境影响因素。研究表明，土壤含水量会影响土壤通气状况、作物根系生长和土壤微生物活性[51]。土壤 pH 对氮转化酶的影响较高，原因可能在于土壤 pH 会影响土壤微生物多样性和活性。研究表明，pH 能够影响酶在土壤中的固定情况和活性强度[33]。土壤全磷对氮转化酶的影响也较大，原因可能在于磷是细胞核的重要组成部分，对细胞分裂和植物各器官组织的分化发育特别是开花结实具有重要作用，是植物体内生理代谢活动不可或缺的元素之一[52]。土壤硝态氮对氮转化酶有一定影响，原因可能在于充足的有机碳氮源促进了微生物的生长与繁殖[53]。土壤中速效氮含量高可以促进碳循环相关酶的分泌[54]。土壤全钾对氮转化酶有一定的影响，原因可能在于钾作为作物生长所必需的大量元素之一，对作物的发育具有重要的作用，不仅能够促进其光合作用和土壤酶的活化，还对土壤中同化产物的运输、土壤渗透势调节有一定的影响，能有效提高作物的产量[55-60]。但速效钾与全钾在苦荞成熟期对氮转化酶的影响均不显著，其原因可能是成熟期苦荞生长基本结束，对土壤中钾的需求量明显降低。

参考文献

[1] 李玉霖，陈静，崔夺，等．不同湿度条件下模拟增温对科尔沁沙质草地土壤氮矿化的影响［J］．中国沙漠，2013，33（6）：1775－1781.

[2] 韩兴国．生物地球化学概论［M］．北京：高等教育出版社，1999.

[3] 王佳，陈伟，张强，等．低氮胁迫对不同耐瘠性苦荞土壤氮转化酶活性的影响［J］．水土保持研究，2021，28（5）：47－53.

[4] 周才平，欧阳华，裴志永，等．中国森林生态系统的土壤净氮矿化研究［J］．植物生态学报，2003，27（2）：170－176.

[5] Deluca T，Nilsson M C，Zackrisson O. Nitrogen mineralization and phenol accumulation along a fire chronosequence in northern Sweden［J］. Oecologia，2002，133（2）：206－214.

[6] 李良谟，潘映华，周秀如，等．太湖地区主要类型土壤的硝化作用及其影响因素［J］．土壤，1987（6）：289－293.

[7] Breuer L, Kiese R, Butterbach B K. Temperature and moisture effects on nitrification rates in tropical rain-forest soils [J]. Soil Science Society of America Journal, 2002, 66 (3): 399-402.
[8] 袁巧霞，武雅娟，艾平，等. 温室土壤硝态氮积累的温度、水分、施氮量耦合效应 [J]. 农业工程学报，2007，23 (10): 192-198.
[9] Sitaula B K, Sitaula J, Aakra A. Nitrification and methane oxidation in forest soil: acid deposition, nitrogen input and plant effects [J]. Water Air and Soil Pollution, 2001, 130 (1/4): 1061-1066.
[10] Guo H M, Li G H, Zhang X, et al. Spatial research of denitrification and nitrification potential of agricultural soils in relation to fertilization practice [J]. International Symposium on Water Resources and the Urban Environment, 2003: 179-185.
[11] 张金波，宋长春. 土壤氮素转化研究进展 [J]. 吉林农业科学，2004，29 (1): 38-43.
[12] Klemedtsson L, Bo H S, Rosswall T. Dinitrogen and nitrous oxide produced by denitrification and nitrification in soil with and without barley plants [J]. Plant and Soil, 1987, 99 (2-3): 303-319.
[13] 朱兆良. 农田中氮肥的损失与对策 [J]. 土壤与环境，2000，9 (1): 1-6.
[14] 吕海霞，周鑫斌，张金波，等. 长白山 4 种森林土壤反硝化潜力及产物组成 [J]. 土壤学报，2011，48 (1): 39-46.
[15] 刘义，陈劲松，刘庆，等. 川西亚高山针叶林不同恢复阶段土壤的硝化和反硝化作用 [J]. 植物生态学报，2006，30 (1): 90-96.
[16] 刘建新. 不同农田土壤酶活性与土壤养分相关关系研究 [J]. 土壤通报，2004，35 (4): 523-525.
[17] 陈伟，皇甫倩华，孙从建，等. 大气 O_3 升高对小麦根际土壤微生物量和氮素转化酶活性的影响 [J]. 土壤通报，2017，48 (3): 623-630.
[18] 张焱华，吴敏，何鹏，等. 土壤酶活性与土壤肥力关系的研究进展 [J]. 安徽农业科学，2007，35 (34): 11139-11142.
[19] 杨万勤，钟章成，陶建平，等. 缙云山森林土壤酶活性与植物多样性的关系 [J]. 林业科学，2001，37 (4): 124-128.
[20] 张丽莉，张玉兰，陈利军，等. 稻-麦轮作系统土壤糖酶活性对开放式 CO_2 浓度增高的响应 [J]. 应用生态学报，2004 (6): 1019-1024.

[21] Wang B, Xue S, Liu G B, et al. Changes in soil nutrient and enzyme activities under different vegetations in the Loess Plateau area, Northwest China [J]. Catena, 2012, 92 (3): 186-195.
[22] Schimel J P, Weintraub M N. The implications of exoenzyme activity on microbial carbon and nitrogen limitation in soil: a theoretical model [J]. Soil Biology and Biochemistry, 2003, 35 (4): 549-563.
[23] Boerner R, Brinkman J A, Smith A. Seasonal variations in enzyme activity and organic carbon in soil of a burned and unburned hardwood forest [J]. Soil Biology and Biochemistry, 2015, 37 (8): 1419-1426.
[24] 吕国红，周广胜，赵先丽，等．土壤碳氮与土壤酶相关性研究进展[J]. 辽宁气象，2005，2：6-8.
[25] 王涵，王果，黄颖颖，等．pH变化对酸性土壤酶活性的影响[J]．生态环境，2008，17 (6)：2401-2406.
[26] 马冬云，郭天财，宋晓，等．尿素施用量对小麦根际土壤微生物数量及土壤酶活性的影响[J]．生态学报，2007，27 (12)：5222-5228.
[27] 赵小亮，刘新虎，贺江舟，等．棉花根系分泌物对土壤速效养分和酶活性及微生物数量的影响[J]．西北植物学报，2009，29 (7)：1426-1431.
[28] Jin K, Sleutel S, Buchan D, et al. Changes of soil enzyme activities under different tillage practices in the Chinese Loess Plateau [J]. Soil and Tillage Research, 2009, 104 (1): 115-120.
[29] Geisseler D, Horwath W R. Relationship between carbon and nitrogen availability and extracellular enzyme activities in soil [J]. Pedobiologia, 2010, 53 (1): 87-98.
[30] Dick R P. Soil enzyme activities as indicators of soil quality [M]. Madison: Defining Soil Quality for a Sustainable Environment, 1994.
[31] 陈伟，杨洋，崔亚茹，等．低氮对苦荞苗期土壤碳转化酶活性的影响[J]．干旱地区农业研究，2019，37 (4)：132-138.
[32] 陈伟，崔亚茹，杨洋，等．苦荞根系分泌有机酸对低氮胁迫的响应机制[J]．土壤通报，2019，50 (1)：149-156.
[33] Kandeler E, Mosier A R, Morgan J A, et al. Response of soil microbial biomass and enzyme activities to the transient elevation of carbon dioxide in a semi-arid grassland [J]. Soil Biology and Biochemistry, 2006, 38

(8)：2448-2460.

[34] 郭天财，宋晓，马冬云，等．氮素营养水平对小麦根际微生物及土壤酶活性的影响 [J]．水土保持学报，2006，20（3）：129-131.

[35] 郁红艳．农业废物堆肥化中木质素的降解及其微生物特性研究 [D]．长沙：湖南大学，2007.

[36] 任如冰．不同施肥方式对土壤钾素有效性及番茄产量品质的影响 [D]．沈阳：沈阳农业大学，2018.

[37] Bowles T M，Acosta M V，Calderón F，et al. Soil enzyme activities，microbial communities，and carbon and nitrogen availability in organic agroecosystems across an intensively-managed agricultural landscape [J]. Soil Biology and Biochemistry，2014，68：252-262.

[38] Szoboszlay M，Lambers J，Chappell J，et al. Comparison of root system architecture and rhizosphere microbial communities of *Balsas teosinte* and domesticated corn cultivars [J]. Soil Biology and Biochemistry，2015，80：34-44.

[39] 周晓明．黄河三角洲湿地土壤微生物多样性及土壤酶活性的研究 [D]．曲阜：曲阜师范大学，2018.

[40] 宋佳龄，盛浩，周萍，等．亚热带稻田土壤碳氮磷生态化学计量学特征 [J]．环境科学，2020，41（1）：403-411.

[41] 孟和其其格，刘雷，姚庆智，等．大青山不同树种土壤微生物数量及酶活性的研究 [J]．中国农学通报，2018，34（17）：89-94.

[42] Zhang H Q，Zhao X Q，Chen Y L，et al. Case of a stronger capability of maize seedlings to use ammonium being responsible for the higher N recovery efficiency of ammonium compared with nitrate [J]. Plant and Soil，2019，293-309.

[43] Barnard R，Leadley P W，Hungate B A. Global change，nitrification，and denitrification：a review [J]. Global Biogeochemical Cycles，2005，19（1）：34-44.

[44] 芦昭霖，李晓玲，苟文均，等．S/N 对自养硝酸盐异化还原成铵过程的影响 [J]．环境工程，2019，37（12）：17-21.

[45] Shi X Y，Qirong S，Yan T，et al. Reduction of nitrate to ammonium in selected paddy soils of China [J]. Pedosphere，1998，8（3）：221-228.

[46] Stevens R J，Laughlin R J. Measurement of nitrous oxide and di-nitrogen

emissions from agricultural soils [J]. Nutrient Cycling in Agroecosystems, 1998, 52 (2-3): 131-139.
[47] Tiedje J M, Sexstone A J, Myrold D D, et al. Denitrification: ecological niches, competition and survival [J]. Antonie Van Leeuwenhoek, 1983, 48 (6): 569-583.
[48] 杨瑒，靳学慧，周燕，等．施氮量对寒区盐碱地马铃薯生育期土壤微生物数量和酶活性的影响 [J]．中国土壤与肥料，2014 (3): 32-37.
[49] 闵凯凯，何向阳，吴倩怡，等．参与碳氮磷转化的水解酶对不同施肥响应的差异 [J]．土壤，2020，52 (4): 718-727.
[50] 李红林，贡璐，朱美玲，等．塔里木盆地北缘绿洲土壤化学计量特征 [J]．土壤学报，2015，52 (6): 1345-1355.
[51] 董馥慧，裴红宾，张永清，等．干旱胁迫与复水对苦荞生长及叶片内源激素含量的影响 [J]．中国农业科技导报，2019，21 (12): 41-48.
[52] 田飞飞，纪鸿飞，王乐云，等．施肥类型和水热变化对农田土壤氮素矿化及可溶性有机氮动态变化的影响 [J]．环境科学，2018，39 (10): 4717-4726.
[53] 张萍，章广琦，赵一娉，等．黄土丘陵区不同森林类型叶片-凋落物-土壤生态化学计量特征 [J]．生态学报，2018，38 (14): 5087-5098.
[54] 王学霞，董世魁，高清竹，等．青藏高原退化高寒草地土壤氮矿化特征以及影响因素研究 [J]．草业学报，2018，27 (6): 1-9.
[55] 朱光艳，胡同欣，李飞，等．火后不同年限兴安落叶松林土壤氮的矿化速率及其影响因素 [J]．中南林业科技大学学报，2018，38 (3): 88-96.
[56] 严金龙．湿地、稻田土壤酶分布与活性及生态功能指示 [D]．南京：南京农业大学，2011.
[57] 梁银丽．土壤水分和氮磷营养对冬小麦根系生长及水分利用的调节 [J]. 生态学报，1996，16 (3): 256-264.
[58] 李建奇，黄高宝，牛俊义．氮肥对不同玉米品种产量和品质的影响研究 [J]．耕作与栽培，2004 (2): 22-24.
[59] 梁国鹏．施氮水平下土壤呼吸及土壤生化性质的季节性变化 [D]．北京：中国农业科学院，2016.
[60] 郑小能，王生海，柳苗苗，等．不同磷钾肥施用量对设施葡萄果实品质和产量的影响 [J]．新疆农业科学，2018，55 (7): 57-65.

6 低氮胁迫下不同耐瘠性苦荞对土壤氮转化微生物的影响

土壤中氮素循环主要包括 4 个过程：固氮过程、硝化过程、反硝化过程和氨氧化过程。氨氧化过程也称为亚硝化过程，是硝化过程的第一步，也是限速步骤，分为 2 种情况：好氧和厌氧。好氧条件下，该过程可以由化能自养型或/和异养型两类营养型的氨氧化微生物完成；但是在厌氧条件下，主要由厌氧氨氧化微生物来完成[1]。

自养型氨单化细菌分 2 个步骤将氨变为 NO_2^-。第一步先通过氨单加氧酶的催化作用，将氨氧化成羟胺，之后在羟胺氧化还原酶的作用下进一步被氧化成亚硝酸根。由于自养型氨氧化细菌的生长能从氨氧化作用中汲取能量，所以也是氨氧化过程的主要贡献者[2]。

异养型氨氧化菌能在有机碳存在的有氧环境中将含氮化合物转化为亚硝酸或者硝酸。有机碳既是碳源又是能源，当碳氮比超过了微生物正常生长所需的氮量时，异养硝化作用才能发生。一般情况下，异养氨氧化作用被认为比自养氨氧化作用小得多[3]。

厌氧氨氧化作用是先将 NO_2^- 还原为羟胺，然后羟胺和氨在类氨单加氧酶作用下生成肼，然后在类羟胺氧化还原酶的催化下变为 N_2。目前的厌氧氨氧化作用大多数被发现在海洋、海岸、淡水湖和河口的沉积物以及废水生物脱氮工程等含氮较低的生态系统中，一般认为农田土壤中厌氧氨氧化作用很微弱[4,5]。

氨氧化细菌在氨氧化作用中起主要作用的是氨单加氧酶（Ammonia monooxygenase，AMO）和羟胺氧化还原酶（Hydroxylamine oxidoreductase，HAO）。AMO 是一种膜结合酶，它含有 AmoA、AmoB 和 AmoC 三个亚基，可催化氨氧化成羟胺，其中 AmoA 是一种含有 AMO 活性位点的膜结合蛋白；AmoB 是一种含有铁-铜的蛋白；AmoC 一种膜结合多肽[6]。AMO 的正常底物是 NH_3，而不是 NH_4^+。除 NH_3 外，已发现 40 多种化合物（包括$<C_8$ 的各种直链烷烃、环己烷，$<C_5$ 的烯烃和多种芳香烃）均可以作为 AMO 的底物[7]。编码 AMO 的基因至少有 3 个：*amoA*、*amoB* 和 *amoC*，它们位于一个操纵子中，排序为 *amoC*、*amoA*、*amoB*）。由于所有氨氧化细菌都含有 *amoA* 基因，所以 *amoA* 基因是目前研究 AOA 和 AOB 最常用的分子标记。HAO 是一种位于周质的同源三聚体蛋白，可以氧化羟氨，并释放出 2 对电子，其中一对直接用于 NH_3 的氧化过程，另一对用于细胞物质的合成以及 ATP 的产生[8]。

氨氧化细菌属于革兰氏阴性菌，外观为杆状、椭圆、球状、螺旋、小叶状等多种形状，菌种依其形态及细胞的外形和内细胞膜的排列方式等分类，可分为亚硝化球菌（*Nitrosococcus*）、亚硝化单胞菌（*Nitrosomonas*）、亚硝化螺菌（*Nitrosospira*）、亚硝化叶螺菌（*Nitrosolobus*）和亚硝化弧菌（*Nitrosovibrio*）5 个属[9]。

基于 16SrRNA 基因序列同源性的系统发育分析表明，已知的自养氨氧化细菌属于变形菌纲（Proteobacteria）的 γ 亚纲和 β 亚纲[10]。其中，属于 γ 亚纲的主要是 *Nitrosococcus*。而 β 亚纲共分两个类群：一类是亚硝化单胞菌群，包括欧洲亚硝化单胞菌（*Nitrosornonaseuropaea*）和运动亚硝化球菌（*Nitrosococcus mobilis*）；另一类是亚硝化螺菌群（*Nitrosospira*），包括所有属于亚硝化螺菌属（*Nitrosospira*）、亚硝化弧菌属（*Nitrosovibrio*）和亚硝化叶菌属（*Nitrosolobus*）的菌株。目前已发现的土壤和淡水中 AOB 均属于 β 亚纲的这两个类群。对亚硝化单胞菌和亚硝化螺菌进一步划分，亚硝化螺菌主要分 *Cluster1*、*2*、*3* 和 *4*，而亚硝化单胞菌则

分为 *Cluster* *5*、*6* 和 *7*，之后通过对氨氧化细菌的功能基因 *amoA* 的基因序列构建起来的发育树虽然略有差异，但基本分类却仍未改变，只是基于亚硝化螺菌原来 4 个簇上进一步分出 *Cluster* *9*、*10*、*11* 和 *12* 等簇[11]。AOB 因为生长缓慢占细菌总量小，并且在土壤中以亚硝化螺菌为主，而土壤、污水、新鲜水及海洋是欧洲亚硝化单胞菌广泛分布的场所。

在农业土壤中，AOA 和 AOB 生物群落结构分布特征一直是研究的热点。其中 AOA 和 AOB 的群落结构受多种环境因子和农业管理措施的影响，土壤的碳和氮循环以及植物根系的营养获取与 AOA 和 AOB 生物群落密切相关[12]，而且 AOA 和 AOB 是把 NH_3 氧化为羟胺来激活氨[13]。同时，氮的可用性在很大程度上影响 AOA 和 AOB[14,15]。研究表明，不同氮处理对土壤中的 AOA 和 AOB 的物种丰度具有显著的影响，但是影响不同，通过增加氮的利用率直接驱动不同陆地生态系统中 AOA 和 AOB 群落的变化。另外，AOA 和 AOB 的数量、多样性指数及种群结构特征是土壤养分的表现特征，所以作物品种及基因型对物种的多样性与群落结构有重要的影响。AOB 适宜生长的 pH 范围是 7.0～8.5[16]，AOA 适宜生长的 pH 范围较广，为 2.5～8.7[17]。当土壤中氮素以 NH_4^+ 的形态被吸收时，引起阳离子/阴离子吸收比率大于 1，为保持电荷平衡，H^+ 被排放到土壤中引起根际 pH 下降；当土壤中氮素以 NO_3^- 的形态被吸收时，引起阳离子/阴离子吸收比率小于 1，根系 OH^- 被释放到土壤中引起根际 pH 上升[18]。植物可以通过对土壤中 NH_4^+ 和 NO_3^- 选择性吸收改变根际土壤的 pH，而 pH 能够改变土壤中氨（NH_3）的存在状态，对土壤硝化作用的底物产生影响，进而影响微生物的活性、种类和丰度[19]。

6.1 低氮胁迫下不同耐瘠性苦荞对土壤 AOA 的影响

AOA 被发现携带了 *amo* 基因，所以推测其具有氨氧化功能，但是 AOA 的 *amoA* 基因与功能相似的 AOB 同源体却在遗传学上距离很远，同时在 DNA 水平上也未能发现显著的同源性特点。将来自海洋和土壤的泉古菌 *amo* 基因，与变形菌门 *amo* 基因相比较可发现二者存在一定的差异：变形菌门的 *amo* 基因比较大，且 *amoCAB* 操纵子的排列也比较固定，而泉古菌的 *amo* 排列是变化的（图 6-1）。此外，从 *amoA*、*amoB*、*amoC* 亚单元角度分析，在泉古菌的 *amoA* 和 *amoB* 基因之间、*amoB* 和 *amoC* 基因之间存在一个未知功能的编码蛋白，且不是已知细菌的同系物[20]。

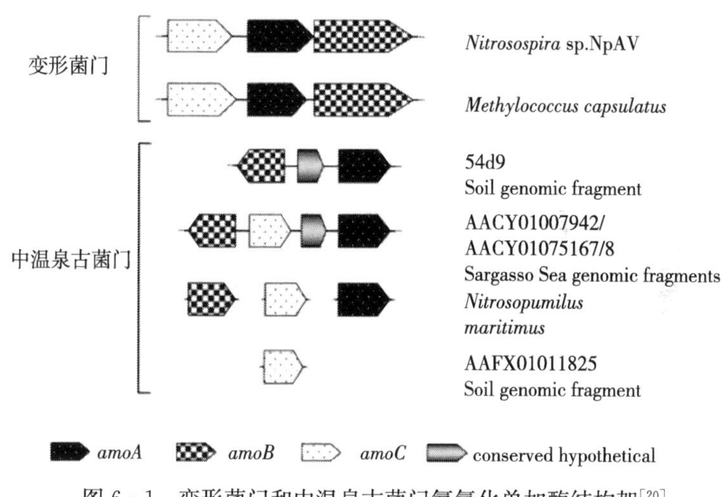

图 6-1　变形菌门和中温泉古菌门氨氧化单加酶结构架[20]

根据 *amoA* 基因序列变异及其分布的生态环境，AOA 可分为三大类：土壤环境氨氧化古菌群落、海洋环境氨氧化古菌群落和嗜高温环境氨氧化古菌群落。从土壤和海洋样品中获取的 *amoA* 基因相似序列，主要集中在两支生态意义不同的属：泉古菌的 Group1. 1a 和 Group1. 1b。按生态来源分析可发现，海洋环境的古菌序列主要属于 Group1. 1a，而土壤来源的序列大多聚类于 Group 1. 1b[21]。对土壤、浅水、海洋和沉积物样品的分析发现，泉古菌的 *amoA* 基因在分布上是独特的，且对不同环境的古菌 *amoA* 基因进行系统发育树分析，发现 AOA 的 *amoA* 基因很少有重叠相似的，而 AOB 的 *amoA* 基因数却相对较少[22]，这表明 AOA 具有丰富的生物多样性，也预示着存在无穷的信息。

高通量测序结果显示，在苦荞苗期属水平上，AOA 群落由 *Candidatus-Nitrosocaldus*、*Nitrososphaera*、*Nitrosopumilus*、*Candidatus-Nitro-socosmicus*、*Nitrosoarchaeum*、*Candidatus-Nitrosotalea*、*Unclassified* 组成（图 6－2）。其中，苗期 *Candidatus-Nitrosocaldus* 相对丰度在群落中和 3 个生育时期均较高，为 68.49%～76.58%，同时在 N1 处理下，HF 和 DQ 土壤中分别占 69.74%和 72.40%。

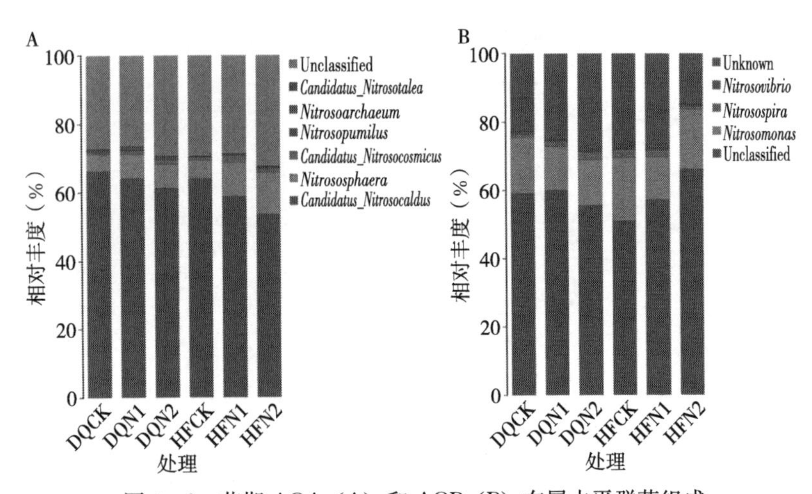

图 6－2　苗期 AOA（A）和 AOB（B）在属水平群落组成

注：DQ，迪庆苦荞，耐低氮品种。HF，黑丰苦荞，不耐低氮处理。CK，不施氮肥处理。N1，低氮处理。N2，正常供氮。

图 6－3 显示，在花期属水平上，AOA 群落由 *Candidatus-Nitrosocaldus*、*Nitrososphaera*、*Candidatus-Nitrosocosmicus*、*Nitrosopumilus*、*Nitrosoarchaeum*、*Candidatus-Nitrosotalea*、Unclassified 组成。其中，*Candidatus-Nitrosocaldus*（54.38%～69.97%）相对丰度较高，同时 N1 处理下，HF 和 DQ 土壤中分别占 54.49%和 65.09%。

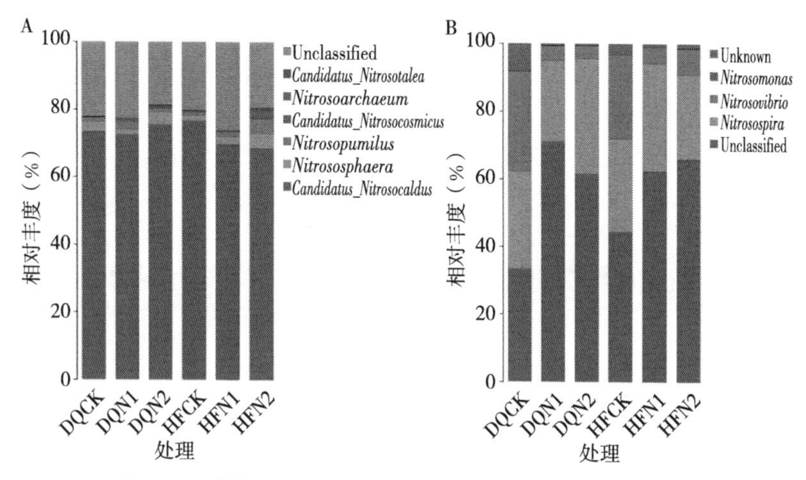

图 6-3　花期 AOA（A）和 AOB（B）在属水平群落组成

注：DQ，迪庆苦荞，耐低氮品种。HF，黑丰苦荞，不耐低氮处理。CK，不施氮肥处理。N1，低氮处理。N2，正常供氮。

图 6-4 显示，成熟期属水平上，AOA 群落由 *Candidatus-Nitrosocaldus*、*Nitrososphaera*、*Candidatus-Nitrosocosmicus*、*Ni-*

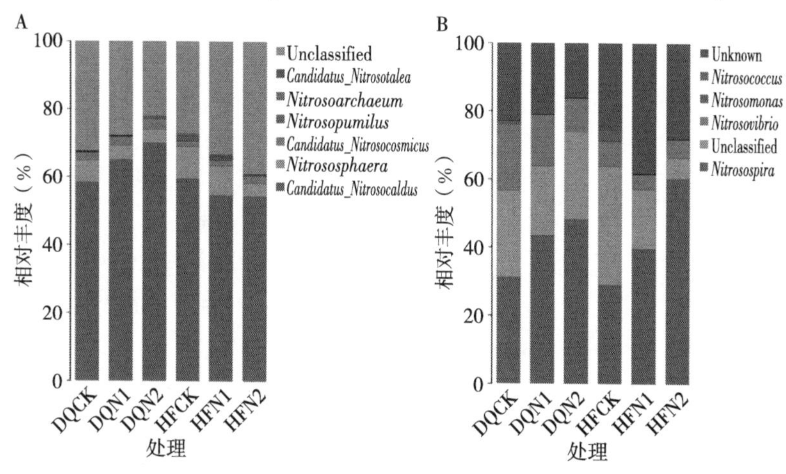

图 6-4　成熟期 AOA（A）和 AOB（B）在属水平群落组成

注：DQ，迪庆苦荞，耐低氮品种。HF，黑丰苦荞，不耐低氮处理。CK，不施氮肥处理。N1，低氮处理。N2，正常供氮。

trosopumilus、*Nitrosoarchaeum*、*Candidatus-Nitrosotalea*、Unclassified 组成。其中，*Candidatus-Nitrosocaldus*（53.49%～66.26%）相对丰度较高。随着施氮量的增加，两个品种土壤中 *Candidatus-Nitrosocaldus* 所占比重在减少，HF 分别为 63.87%、58.60%、53.49%，DQ 分别为 66.26%、64.10%、61.17%。

6.2 低氮胁迫下不同耐瘠性苦荞对土壤 AOB 的影响

不同的生态环境对土壤氨氧化微生物的影响有差异，并且外界环境因子对氨氧化细菌群落结构的影响可能随着时间推移。氨氧化细菌和氨氧化古菌对外源氮的响应不同，硫酸铵能够刺激氨氧化细菌的急速生长，但是对氨氧化古菌没有刺激效果，反而在使用的初期降低土壤中氨氧化古菌的数量。例如分别施用 1.5mmol/L 和 7.5mmol/L 的 NH_4SO_4，AOB 的数量在 1 周后比施用前分别增加了 8.8 倍和 16.5 倍[23]，在维也纳的两块土地上施用 NH_4SO_4 7d 后，AOB 的数量与对照相比增加了 4.5～6.0 倍[24]，但是也有研究表明施用 NH_4SO_4 4 周可以显著增加硝化活性，而 AOB 的群落结构没有变化，在培养 16 周后 AOB 的群落结构才发生变化[25]。土壤 pH 直接决定土壤中氨的存在形态，影响 AOB 对底物 NH_3 的获得，从而影响 AOB 的活性和丰度甚至是种类。AOB 适宜生长的 pH 范围为 7.0～8.5，酸性土壤中虽然也能检测到 AOB，但是其硝化活性会显著下降。在土壤 pH 从4.5～7.5以 0.5 递增的梯度试验中发现，AOB 的 *amoA* 基因拷贝数随着 pH 的增加而增加[14]，酸性土壤中 *Nitrosospira Cluster 2* 的相对丰度较高，并与耐酸性的 *Nitrosospira* sp. *AHB1* 菌株有密切的亲缘关系，而在中性土壤中以 *Nitrosospira Cluster 3* 为主[26]。温度也会影响土壤中的氨氧化微生物。AOB 在热带、温带及北纬地区的适宜温度分别为 35℃、30℃和 20℃。在 pH、湿度和铵浓度相对稳定的情况下，AOB 在 15～25℃条件下硝化活性最高。在酸性土壤（pH 5.0～

5.8）中，AOB在25℃时以*Nitrosospira Cluster 4*为主，在30℃时以*Nitrosospira Cluster 3a*、*Cluster 3b*和*Cluster 9*为主，而当温度高于30℃时，AOB以*Nitrosospira Cluster 1*占优势；在碱性（pH 7.9）土壤中，随温度的变化AOB仅有*Nitrosospira Cluster 3a*，而*Nitrosospira Cluster 9*仅在高温土壤中出现[26]。然而，由季节变化导致的温度降低，土壤的硝化势并没有明显降低，表明AOB群落能够适应气候的代谢调节，在冬天的低温条件下仍保持较高活性，与气候条件变化相比，AOB不受渐变温度的影响。总体来说，土壤中以*Nitrosospira Cluster 2*、*3*和*4*为主。有研究发现，盐度影响了河沉积物中AOB的种群结构，经淡水灌溉后原先的*Nitrosomonas oligotropha lineage*被同一家族内的其他类群替代，经含盐水灌溉后则被*Nitrosomonas marina*替代[27]。AOB对土壤有机污染物和重金属也很敏感。被石油污染的农田土壤中，氨氧化细菌的优势菌是*Nitrosospira-like Cluster 2*和*3*，表明氨氧化细菌可能对石油和多环芳烃污染物形成了抗性[28]。室内培养条件下，随着重金属Zn的施用量不断加大，在土壤硝化潜势降低的同时也伴随着AOB的数量急剧减少[29]。

苦荞苗期，AOB属水平上群落主要由*Nitrosospira*、*Nitrosovibrio*、*Nitrosomonas*组成（图6-2），除了Unclassified（33.23%～70.89%）外，*Nitrosospira*（24.17%～34.15%）相对丰度较高。而在N1处理下，HF和DQ土壤中分别占32.01%和24.17%。

苦荞花期，AOB属水平上群落主要由*Nitrosospira*、*Nitrosovibrio*、*Nitrosomonas*、*Nitrosococcus*组成（图6-3），*Nitrosospira*（28.82%～60.21%）相对丰度较高。随着施氮量的增加，两个品种土壤中*Nitrosospira*所占比重也在增加，HF分别为分别28.82%、39.60%、60.21%，DQ分别为分别31.11%、43.38%、48.09%。

苦荞成熟期，AOB属水平上群落主要由*Nitrosomonas*、*Nitrosospira*、*Nitrosovibrio*组成（图6-4），除了Unclassified（50.93%～66.17%）外，*Nitrosomonas*（12.56%～18.68%）相

对丰度较高。同时 N1 处理下，HF 和 DQ 土壤中分别占 12.56%、13.00%。

6.3 低氮胁迫下环境因子对氨氧化微生物群落的影响

有研究表明，AOA 较 AOB 更嗜好在低氮寡营养的极端环境中生存[30]。也有研究发现，从热泉中富集培养的氨氧化古菌 *C. Nitrososphaera gargensis* 在低铵（0.14 和 0.8mmol/L）条件下具有较高的活性，而当 NH_4^+ 浓度升高为 3.1mmol/L 时却被抑制[31]。然而，也有个别研究曾报道，AOA 即便在高铵水平（10mmol/L）下也可以生存。AOA 分布的 pH 范围非常广泛，从 2.50 到 8.65 的生境中均检测到。Reigstad 等在 pH 为 2.5 的热泉中只检测到了 AOA 而没有检测到 AOB[32]。在 pH 为 4.1 的森林泥炭土中也观测到了同样的现象[33]。也有许多研究发现，在酸性土壤中，AOA 的丰度要远远高于 AOB[34]，这表明前者比后者更能适应在酸性条件中生存。并有研究指出，在酸性条件下，AOA 可能在氨氧化过程中发挥主导作用[35]。然而，AOA 的数量随着 pH 的增加而增加，并认为不同研究中 AOA 数量对 pH 响应的结果不同，可能是因为不同土壤中 AOA 生理多样性引起的[36]。AOA 可生存的温度范围也非常广泛。从 0.2℃的深海海水到 13.9℃的农田土壤，再到 60℃以上的堆肥，甚至在 97℃的热泉中都可以检测到 AOA[37]。并且大多数 AOA 均有最适生长温度，如嗜热的氨氧化古菌 *C. Nitrosocaldus yellowstonii* 最适宜生长温度为 65～72℃。而铵离子状态和浓度，土壤 pH、温度、施肥状况、土壤类型、盐度和污染状况等因素也会影响 AOB 的种类和数量。

由表 6-1 相关分析可知，在 AOA-*amoA* 基因 α-多样性中，Shannon 指数和 Simpson 指数与土壤的 SM、TK、TP 呈显著正相关（$P<0.01$），与 AN、AP 呈显著负相关（$P<0.01$），Ace 指数

表 6-1　土壤理化性质与 AOA、AOB 多样性的相关性

	项目	pH	SM	TN	TK	TP	AN	AK	AP	SOM	NH_4^+	NO_3^-
AOA	Shannon 指数	ns	0.54**	ns	0.45**	0.76**	−0.64**	ns	−0.54**	ns	ns	ns
	Simpson 指数	ns	0.60**	ns	0.53**	0.79**	−0.67**	ns	−0.57**	ns	ns	ns
	Ace 指数	ns	ns	0.42**	ns	ns	ns	0.27*	ns	0.39**	ns	ns
	Chao1 指数	ns	ns	0.34*	0.32*	0.27*	−0.33*	ns	ns	ns	ns	ns
AOB	Shannon 指数	−0.35*	0.30*	−0.29*	ns	0.45**	ns	−0.39**	−0.47**	−0.31*	ns	ns
	Simpson 指数	−0.39**	0.54**	ns	0.36**	0.65**	−0.36**	−0.47**	−0.62**	ns	−0.29*	ns
	Ace 指数	ns	−0.34*	−0.44**	−0.46**	ns	ns	ns	ns	−0.27*	0.33*	ns
	Chao1 指数	ns	−0.33*	−0.45**	−0.40**	ns	0.28*	ns	ns	ns	0.35*	ns

注：pH，土壤酸碱性。SM，土壤水分。TN，土壤全氮。TK，土壤全钾。TP，土壤全磷。AN，土壤速效氮。AK，土壤速效钾。AP，土壤有效磷。SOM，土壤有机质。NH_4^+，土壤铵态氮。NO_3^-，土壤硝态氮。* 相关系数的显著水平 $P<0.05$，** 相关系数的显著水平 $P<0.01$，ns 表示差异不显著。

和 Chao1 指数与 TN 呈显著正相关（$P<0.05$）；在 AOB-*amoA* 基因 α-多样性中，Shannon 指数和 Simpson 指数与 pH、AK、AP 呈显著负相关（$P<0.05$），与 SM、TP 含量呈显著正相关（$P<0.05$）。Ace 指数和 Chao1 指数与 SM、TN、TK 呈显著负相关（$P<0.05$），与 NH_4^+ 呈显著正相关（$P<0.05$）。

如图 6-5 所示，基于属分类水平，环境因子及酶活性对 AOA 和 AOB 群落结构有一定影响。AOA-*amoA* 基因群落的 RDA1 和 RDA2 分别解释了总变量的 80.2%和 11.1%。两个品种的 CK 与 N1、N2 处理可以沿一轴区分，说明 HF 和 DQ 在不同施氮量下有着明显的差异；HF 和 DQ 的苗期与花期、成熟期可以沿二轴区分，说明 HF 和 DQ 在不同生育时期有着明显的差异。通过对土壤理化性质及酶活性进行蒙特卡洛检验及排序，TP（$P=0.002$）、Protease（$P=0.004$）、Ammoxidase（$P=0.05$）是 AOA-*amoA* 基因群落最大的影响因子。而 AOB-*amoA* 基因群落的 RDA1 和 RDA2 分别解释了总变量的 61.9%和 26.8%。HF 和 DQ 的苗期与花期、成熟期可以沿一轴区分，说明 HF 和 DQ 在不同生育时期有着明显的差异。同时，通过对土壤养分进行蒙特卡洛检验及排序，TK（$P=0.002$）、NH_4^+（$P=0.012$）、SOM（$P=0.006$）和 TP（$P=0.008$）是对 AOB-*amoA* 基因群落影响最大的因子。相关分析表明，酶活性与土壤理化性质也具有显著的相关性。其中，脲酶与 pH、TN、AN、AP、SOM、NH_4^+、NO_3^- 呈正相关；蛋白酶与 TK、TP、NH_4^+、NO_3^- 呈正相关；铵氧化酶与 pH、TN、AN、AP、SOM、NH_4^+ 呈正相关，与 SM、TK、TP 呈负相关，结果显示这 3 种氮转化相关酶活性均与 NH_4^+ 呈正相关，说明这 3 种氮转化相关酶活性均通过 NH_4^+ 来影响氮素转化。

本研究中，AOA 群落 α-多样性中，Ace 指数受到品种、氮处理与品种交互作用的显著影响，Chao1 指数则受到氮处理的显著影响。Liu 等研究发现，土壤中氮素的变化显著性影响 Chao1 指数[38]。在苦荞的开花期，两个品种的 Shannon 指数、Simpson 指数在低氮处理下均显著高于常氮处理，且 HF 的 OTU、Shannon

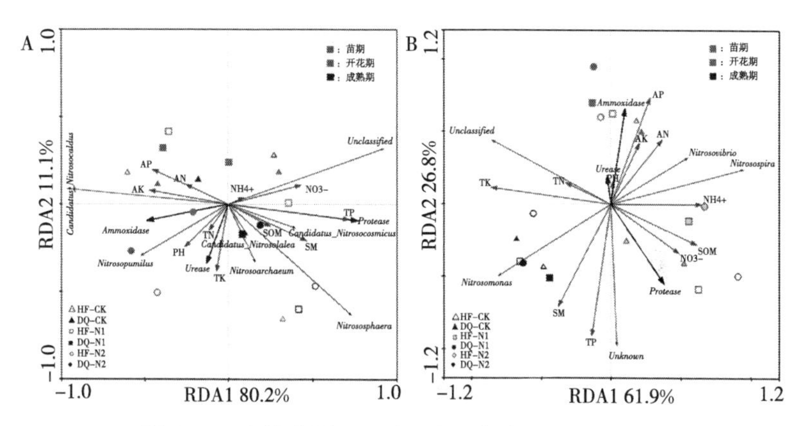

图 6-5 土壤 AOA-*amoA*（A）和 AOB-*amoA*（B）基因群落组成和环境因子的冗余分析

指数、Simpson 指数和 Ace 指数均显著大于 DQ。而在成熟期的低氮处理下，DQ 的 Shannon 指数、Simpson 指数均大于 HF。说明苦荞开花期两个品种在低氮处理下的物种均匀度及优势菌群的贡献大于常氮处理，且 HF 的物种丰度及群落中优势菌群的贡献大于 DQ，而成熟期则为 DQ 大于 HF。Pivato 等研究表明，低氮胁迫下，某些种间植物混合物的根际微生物丰富度显著不同，而在正常氮量下，这种差异消失了且物种的丰度低于低氮胁迫下[39]。另有研究表明，低氮胁迫改变了根系分泌物的质量和数量，进而改变微生物物种的丰度及群落。植物需要采取策略来避免氮的限制，并在生命周期内优化氮的使用。耐氮的苦荞品种随着生育时期变化，酶活性和有机酸发生了显著变化，使土壤微生物的物种群落也发生变化[40,41]。在苦荞 3 个生育时期，*Candidatus-Nitrosocaldus* 为优势种，其相对丰度在群落中所占比重较高，且 3 个时期均是 DQ 的比重高于 HF。本试验中，AOB 群落 α-多样性中，Shannon 指数和 Simpson 指数受到不同氮处理的显著影响。在苦荞幼苗期，低氮处理下，HF 的 Shannon 指数高于 DQ。开花期，低氮处理下，DQ 的 Shannon 指数、Simpson 指数高于 HF。说明在幼苗期 HF 的物种均匀度高于DQ，而在开花期DQ的物种均匀度及群落中优势菌群的贡献高于HF。研究发现，物种均匀度及群落组成也是微生物群落（微生物生物量、活性、结构）和功能群落的重要驱动力，与土壤氮循环相关，随着土壤中氮素的变化，其物种均匀度及群落组成也在变化[42]。另有研究表明，植物根系直接暴露于稀缺或营养过剩的状态，可以通过基因表达来调节氮的吸收[41]。同样，同一物种不同品种的物种群落及组成具有显著差异[39]，且同一物种在不同生育时期的物种群落及组成也具有显著差异[43]。在开花期之前，*Nitrosospira* 相对丰度较高。*Nitrosospira* 属于氨氧化细菌中的一类，它具有氧化亚硝酸盐的能力，可高效利用底物，氨氧化成硝酸盐。在低氮处理下，HF的 *Nitrosospira* 相对比重高于DQ。苦荞成熟期，低氮处理下HF的Simpson指数高于DQ。这一时期 *Nitrosomonas* 相对丰度较高，同时N1处理下，DQ土壤中 *Nitrosomonas* 相对丰度高于HF。许多研究表明，AOA和AOB受环境因子的影响，例如，NH_4^+、pH、含水量、有机质等被认为是影响AOA和AOB的主要因素[44]。本研究针对土壤的环境因子及所涉及氮转化的酶活性对AOA和AOB的影响，RDA分析结果表明TP、Protease、Ammoxidase是AOA-*amoA*基因群落最大的影响因子，TK、NH_4^+、SOM和TP是AOB-*amoA*基因群落最大的影响因子。研究表明，土壤中N、P、K营养物质在一定程度上对AOB-*amoA*基因群落产生显著的影响[45]。同时，土壤中氮素的改变可以通过改变土壤无机氮含量直接影响土壤微生物，也可以通过改变土壤碳的有效性间接影响AOB-*amoA*基因群落[46]。同时也有研究发现，农业土壤中NH_4^+在硝化过程中仅提高了氨氧化细菌的丰度。全磷是AOA-*amoA*和AOB-*amoA*基因群落的关键驱动因子，研究表明，磷素能促进苦荞根系生长，增强抗胁迫的能力，同时在一定程度上促进根际微生物多样性的增加[47]。

参考文献

[1] Deni J，Penninckx M J. Nitrification and autotrophic nitrifying bacteria in a

hydrocarbon-polluted soil [J]. Applied and Environmental Microbiology, 1999, 65 (9): 4008-4013.

[2] Mccarty G W, Bremner J M. Inhibition of nitrification in soil by heterocyclic nitrogen compounds [J]. Biology and Fertility of Soils, 1989, 8 (3): 204-211.

[3] Prosser J I, Nicol G W. Relative contributions of archaea and bacteria to aerobic ammonia oxidation in the environment [J]. Environmental Microbiology, 2010, 10 (11): 2931-2941.

[4] Zheng Y, Hou L, Liu M, et al. Dynamics and environmental importance of anaerobic ammonium oxidation (anammox) bacteria in urban river networks [J]. Environmental Pollution, 2019, 254: 112998.

[5] Francis C A, Roberts K J, Beman J M, et al. 2005. Ubiquity and diversity of ammonia-oxidizing archaea in water columns and sediments of the ocean [J]. Proceedings of the National Academy of Sciences of the United States of America, 2005, 102 (41): 14683-14688.

[6] Martin G, Klotz, et al. A gene encoding a membrane protein exists upstream of the amoA/amoB genes in ammonia oxidizing bacteria: a third member of the amo operon [J]. FEMS Microbiology Letters, 2006, 150 (1): 65-73.

[7] Kowalchuk G A, Stephen J R, et al. Ammonia-oxidizing bacteria: a model for molecular microbial ecology [J]. Annu Rev Microbiol, 2001, 55: 485-529.

[8] Sayavedra-Soto L A, Hommes N G, Russell S A, et al. Induction of ammonia monooxygenase and hydroxylamine oxidoreductase mRNAs by ammonium in Nitrosomonas europaea [J]. Molecular Microbiology, 2010, 20 (3): 541-548.

[9] Purkhold U, Pommerening R A, Juretschko S, et al. Phylogeny of all recognized species of ammonia oxidizers based on comparative 16s rRNA and *amoA* sequence analysis: implications for molecular diversity surveys [J]. Applied and Environment Microbiology, 2000, 66 (12): 5368-5382.

[10] Cebron A, Coci M, Garnier J, et al. Denaturing gradient gel electrophoretic analysis of ammonia-oxidizing bacterial community structure in the lower Seine River: impact of Paris wastewater effluents [J]. Applied

and Environmental Microbiology，2004，70 (11)：6726 - 6737.

[11] Li M Z，Mu W，Prosser J I，et al. Altitude ammonia-oxidizing bacteria and archaea in soils of Mount Everest [J] . Fems Microbiology Ecology，2010 (2)：52 - 61.

[12] Keymer D P，Lankau R A. Disruption of plant-soil-microbial relationships influences plant growth [J] . Journal of Ecology，2017，105 (3)：816 - 827.

[13] 何友军，王清奎，汪思龙，等 . 杉木人工林土壤微生物生物量碳氮特征及其与土壤养分的关系 [J] . 应用生态学报，2006 (12)：2292 - 2296.

[14] Nicol G W，Leininger S，Schleper C，et al. The influence of soil pH on the diversity，abundance and transcriptional activity of ammonia oxidizing archaea and bacteria [J] . Environmental Microbiology，2008，10 (11)：2966 - 2978.

[15] 裴雪霞，周卫，梁国庆，等 . 长期施肥对黄棕壤性水稻土氨氧化细菌多样性的影响 [J] . 植物营养与肥料学报，2011，17 (3)：724 - 730.

[16] Wang X M，Wang S Y，Shi G S，et al. Factors driving the distribution and role of AOA and AOB in Phragmites communis rhizosphere in riparian zone [J] . Journal of Basic Microbiology，2019，59 (4)：425 - 436.

[17] Hu H W，Zhang L M，Dai Y，et al. pH-dependent distribution of soil ammonia oxidizers across a large geographical scale as revealed by high-throughput pyrosequencing [J] . Journal of Soils and Sediments，2013，13 (8)：1439 - 1449.

[18] Knoepp J D，Turner D P，Tingey D T. Effects of ammonium and nitrate on nutrient uptake and activity of nitrogen assimilating enzymes in western hemlock [J] . Forest Ecology and Management，1993，59 (3 - 4)：179 - 191.

[19] Ellis S，Howe M T，Goulding K W T，et al. Carbon and nitrogen dynamics in a grassland soil with varying pH：effect of pH on the denitrification potential and dynamics of the reduction enzymes [J] . Soil Biology and Biochemistry，1998，30 (3)：359 - 367.

[20] Nicol G W，Schleper C. Ammonia-oxidising crenarchaeota：important players in the nitrogen cycle [J] . Trends in Microbiology，2006，14 (5)：207 - 212.

[21] Schleper C，Jurgens G，Jonuscheit M. Genomic studies of uncultivated archaea [J]. Nature Reviews Microbiology，2005，3 (6)：479-488.

[22] Francis C A，Santoro A E，Oakley B B，et al. Ubiquity and diversity of ammonia-oxidizing archaea in water columns and sediments of the ocean [J]. Proceedings of the National Academy of Sciences of the United States of America，2005，102：14683-14688.

[23] Okano Y，Hristova K R，Leutenegger C M，et al. Application of real-time PCR to study effects of ammonium on population size of ammonia-oxidizing bacteria in soil [J]. Applied and Environmental Microbiology，2004，70 (2)：1008-1016.

[24] Katrin G，Evelyn H，Erich I，et al. Dynamics of ammonia-oxidizing communities in barley-planted bulk soil and rhizosphere following nitrate and ammonium fertilizer amendment [J]. Fems Microbiology Ecology，2010 (3)：575-591.

[25] Avrahami S，Conrad R. Patterns of community change among ammonia oxidizers in meadow soils upon long-term incubation at different temperatures [J]. Applied and Environmental Microbiology，2003，69 (10)：6152-6164.

[26] Laverman A M，Speksnijder A，Braster M，et al. Spatiotemporal stability of an ammonia-oxidizing community in a nitrogen-saturated forest soil [J]. Microbial Ecology，2001，42 (1)：35-45.

[27] Coci M，Nicol G W，Pilloni G N，et al. Quantitative assessment of ammonia-oxidizing bacterial communities in the epiphyton of submerged macrophytes in shallow lakes [J]. Applied and Environmental Microbiology，2010，76 (6)：1813-1821.

[28] Jukka K，Mirja S S，Tuula A，et al. Activity，diversity and population size of ammonia-oxidising bacteria in oil-contaminated landfarming soil [J]. FEMS Microbiology Letters，2010 (1)：33-38.

[29] Vasileiadis，Coppolecchia，Puglisi，et al. Response of ammonia oxidizing bacteria and archaea to acute zinc stress and different moisture regimes in soil [J]. Microbial Ecology：An International Journal，2012 (64)：1028-1037.

[30] Di H J，Cameron K C，Shen J P，et al. Nitrification driven by bacteria

and not archaea in nitrogen-rich grassland soils [J] . Nature Geoscience, 2009, 2 (9): 621-624.

[31] Hatzenpichler R, Lebedeva E V, Spieck E, et al. A moderately thermophilic ammonia-oxidizing crenarchaeote from a hot spring [J]. Proceedings of the National Academy of Sciences of the United States of America, 2008, 105 (6): 2134-2139.

[32] Reigstad L J, Jorgensen S L, Schleper C. in terrestrial hot springs of Iceland and Kamchatka [J] . The International Society for Microbial Ecology Journal, 2008, 64: 167-174.

[33] Stopnisek N, Cubry R C, Hofferle S, et al. Thaumarchaeal ammonia oxidation in an acidic forest peat soil is not influenced by ammonium amendment [J] . Applied and Environmental Microbiology, 2010, 76 (22): 7626-7634.

[34] Jichen, Wang, Li, et al. Ammonia oxidizer abundance in paddy soil profile with different fertilizer regimes [J] . Applied Soil Ecology, 2014, 84 (1): 38-44.

[35] Erguder T H, Boon N, Wittebolle L, et al. Environmental factors shaping the ecological niches of ammonia-oxidizing archaea [J] . FEMS Microbiology Reviews, 2009, 33: 855-869.

[36] Wessén E, Nyberg K, Jansson J K, et al. Responses of bacterial and archaeal ammonia oxidizers to soil organic and fertilizer amendments under long-term management [J] . Applied Soil Ecology, 2010, 45 (3): 193-200.

[37] Yamamoto N, Otawa K, Nakai Y. Diversity and abundance of ammonia-oxidizing bacteria and ammonia-oxidizing archaea during cattle manure composting [J] . Microbial Ecology, 2010, 60 (4): 807-815.

[38] Liu C, Dong Y, Sun Q, et al. Soil bacterial community response to short-term manipulation of the nitrogen deposition form and dose in a chinese fir plantation in Southern China [J] . Water Air and Soil Pollution, 2016, 227 (12): 1-12.

[39] Pivato B, Bru D, Busset H, et al. Positive effects of plant association on rhizosphere microbial communities depend on plant species involved and soil nitrogen level [J] . Soil Biology Biochemistry, 2017, 114: 1-4.

［40］陈伟，崔亚茹，杨洋，等．苦荞根系分泌有机酸对低氮胁迫的响应机制［J］．土壤通报，2019，50（1）：149－156.

［41］王佳，陈伟，张强，等．低氮胁迫对不同耐瘠性苦荞土壤氮转化酶活性的影响［J］．水土保持研究，2021，28（5）：47－53.

［42］Strecker T，Barnard R L，Niklaus P A，et al. Effects of plant diversity，functional group composition，and fertilization on soil microbial properties in experimental grassland［J］. Plos One，2015，10（5）：e0125678.

［43］林先贵．土壤微生物研究原理与方法［M］．北京：高等教育出版社，2010.

［44］陈杨武，胡爽，方露，等．氨氧化古菌及其对环境因子的响应研究进展［J］．应用与环境生物学报，2014，20（6）：1117－1123.

［45］罗培宇，樊耀，杨劲峰，等．长期施肥对棕壤氨氧化细菌和古菌丰度的影响［J］．植物营养与肥料学报，2017，23（3）：678－685.

［46］Serna-Chavez H M，Fierer N，Bodegom P. Research global drivers and patterns of microbial paper abundance in soil［J］. Global Ecology and Biogeography，2013，10：1162－1172.

［47］赵海霞，裴红宾，张永清，等．施磷对干旱胁迫下苦荞生长及磷素吸收分配的影响［J］．干旱区资源与环境，2019，33（3）：177－183.

7 低氮胁迫下不同耐瘠性苦荞对土壤有机酸的影响

根系在植物生长发育过程中起着极其重要的作用，作为植物和土壤的连接部分，一方面会从土壤中吸收水分和养分，另一方面又会不断分泌一些影响土壤物理、化学性质的物质[1]，这些由植物根系不同部位向根际土壤分泌或溢泌的无机离子或有机化合物，统称为根系分泌物[2]。这些物质对微生物活性、土壤养分有效性以及植物的生长发育均能产生影响，不仅是植物生理活动的产物，也是植物与外界进行物质交流的重要媒介[3]。

早在十八、九世纪就有了关于根系分泌物的研究。根系分泌物是近一二十年来世界各国科学家日益重视的研究热点。根系分泌物的种类庞杂，目前已鉴定出来的有机化合物有200多种，可大致分为：无机离子、中低分子量有机物种类繁多，主要包括有机酸、糖类、氨基酸以及酚类物质，高分子量有机物主要包括黏胶、黄酮类和酶等。低分子量有机化合物、高分子量有机化合物和其他分泌物质[2]。低分子量有机酸是碳氢氧化合物，含有一个或多个羧基，普遍存在于植物体内、根系区以及根际土壤环境中。土壤中的低分子量有机酸主要来自植物根系的分泌，微生物的分解以及合成，动物和植物残体的分解，凋落物的降解等。除此之外，施入肥料、有机物的转化以及大气沉降都对土壤中的有机酸具有一定的贡献[4]。

低分子量有机酸影响微生物的养分和能源较多，在众多的根系分泌物中作用最为重要，因此成为研究最为广泛的一类物质。许多植物已经被鉴定出能分泌有机酸，一般来说，植物根系分泌的有机酸主要有：甲酸、乙酸、乳酸、苹果酸、琥珀酸、酒石酸、柠檬酸、草酸、麦根酸、番石榴酸等。除此之外，根系分泌物中还包括一种具有芳香气味的苯甲酸、水杨酸、对羟基苯甲酸、香草酸、香豆酸、阿魏酸、丁香酸等酚类化合物[5]。

根系分泌有机酸的种类受到许多因素的影响。其中，植物的种类、遗传特性对根系分泌的有机酸有决定性的作用，不同品种或者同一种类不同基因型植物的有机酸分泌量存在很大差异，如油菜和苦荞的根系分泌物中有草酸、柠檬酸等，小麦的根系分泌物中有苹果酸、草酸、柠檬酸、乳酸、丁二酸、乙酸等[6]，菜豆耐铝基因型（G19842）的柠檬酸分泌量是铝敏感基因型（ZPV）的 2～3 倍[7]。根系分泌有机酸的影响因素还包括养分胁迫（氮磷钾等矿质元素、铁锰铜锌等微量元素、镍铬镉等重金属元素等）[8]、根系生长部位[9]、土壤类型以及其他因素。大量研究表明，根系分泌的有机酸具有促进土壤矿物溶解、改变根际土壤理化性状以及促进植物对养分的吸收、降低金属等有毒元素对植物的毒害等作用，还强烈影响着植物体的各种生理生态过程来调节植物对不良环境的抗性[10]。

植物在面临养分胁迫时，能够通过分泌有机酸来活化土壤中的一些难溶性养分，以此缓解植物营养匮乏症状，这是植物适应胁迫环境的一种表现。陈凯等研究表明缺磷条件下有机酸分泌总量较正常供磷水平下具有明显差异[11]，缺磷条件下分泌的有机酸更多，另外不同植物分泌的有机酸种类及数量均有差异。俞元春等研究表明在缺磷胁迫下马尾松和杉木根系分泌的有机酸较正常磷处理会显著增加，但是不同的林木品种（马尾松和杉木）所增加的有机酸种类不同，且不同地方的马尾松（浙江马尾松、广西马尾松、贵州马尾松）所增加的有机酸种类均不相同[12]。缺钾、缺锌胁迫会改变作物根系分泌物中糖、有机酸和氨基酸的分泌量及其比例关系[13]。张子义等研究表明根系分泌物中有机酸的总量会随着燕麦的生长而不断减少，另外缺氮条件下根系分泌的有机酸总量显著高于供氮处理[14]。常二华等研究表明水稻在结实期根系衰老，根系活力及分泌能力下降，使得分泌的有机酸等均下降[15]。徐国伟等研究表明水稻结实期氮会提高苹果酸、琥珀酸及有机酸分泌总量，而高氮下根系活力反而降低，上述有机酸的含量也随之降低[16]。张俊英等研究表明因为大豆品种对氮源的喜好不同，不同大豆根系分泌物中有机酸的数量以及种类会产生显著差异，当供应的氮素浓度比较低时，在大豆的根系分泌物中可以检测到柠檬酸，而当氮素的浓度变高时反而检测不到柠檬酸[17]。另外，有研究表明氮素形态不同，根系分泌有机酸的数量和种类都不同。汪建飞等研究表明硝酸盐会诱导植株体内碳氮代谢的变化，同时会促进有机酸的形成[18]。李灿雯等研究表明 NO_3^- 作为信号可诱导根系有机酸的分泌，对于半夏植株的生长，施用单一形态的氮素不如施用多种形态配比氮素的效果好，较高比例的铵态氮更有利于有机酸的累积[19]。Lasa 等研究表明供应铵态氮肥会对不同植物的有机酸产生不同的影响，其中菠菜根系中有机酸的含量会降低，而豌豆根系中有机酸的含量会增高[20]。另有研究表明同物种不同基因型作物面对环境胁迫时也会产生不同的反应，根系分泌的种类和数量均表现出差异性[21]。

植物根系分泌有机酸对土壤环境以及植物生长发育具有重要的影响，大量研究表明根系分泌有机酸对提高土壤养分有效性、减轻重金属对植物的危害、调节植物对不良环境的抗性、促进植物物质循环和能量流动等发挥着非常重要的作用。涂书新等研究表明，钾利用高效型的籽粒苋较其他品种而言，其根系会分泌较多的草酸，而草酸对含钾矿物质具有显著的解钾能力[22]。陆文龙等研究发现，根系分泌的有机酸能明显促进石灰性土壤中磷的释放，其中草酸活化土壤磷的能力最强，其次分别是柠檬酸、苹果酸和酒石酸[23]。白羽扇豆在缺磷胁迫下其根系会分泌大量的柠檬酸，可以活化土壤中的难溶性磷物质，促进磷素的释放[24]。有研究表明根系分泌物中的有机酸类物质可以通过电离 H^+ 或通过配对交换及还原作用等，活化或转换土壤中的难溶性养分，从而提高土壤的养分利用效率[16,25,26]。有机酸会为根际土壤微生物提供碳源，并且会提高土壤中一些酶的活性，以此促进土壤中有机物质的分解及矿化，达到释放有效养分的作用[4,27]。微量的金属离子是植物生长过程中必需的养分元素，但是如今土壤遭受重金属污染比较严峻，植物吸收过量的重金属离子会影响正常发育，出现一系列症状[25]。目前研究的植物抗重金属机制主要为在重金属进入植物体内前降低其有效性和毒害性，因此根系分泌的有机酸、糖类、氨基酸和蛋白质等可以与金属离子通过螯合、络合等作用形成比较稳定的金属螯合物，以此将金属离子的活性降低，甚至可以通过吸附沉淀等将金属污染物排于根外防止毒害植物[2,15,28]。有研究表明在铝胁迫下植株可诱导根系分泌甲酸、苹果酸、乳酸、乙酸、草酸等，在生物酶的作用下，这些有机酸会与铝离子结合形成稳定络合物，从而减轻铝离子对植物的毒害[2,29]。植物在正常环境下分泌的有机物与植物在胁迫环境下分泌的有机物，在种类及数量上都会有明显的区别，分泌有机物的差异可能是植物对逆境胁迫下的一种适应性机制[30,31]。

7.1 低氮胁迫下不同耐瘠性苦荞对土壤丙二酸的影响

低分子有机酸可以通过电离 H^+、配位交换作用以及还原作用溶解和转化一些难溶性的矿物，达到增强土壤中有效养分的作用。但是土壤中营养元素的缺失也会对土壤有机酸的种类和数量产生影响。缺 N、缺 K 以及其他一些常量元素都会引起根际土壤有机酸的增加，缺 Ca 和 Zn 也能通过增加膜透性而使有机酸从根系分泌到土壤中。

氟（F）在自然界中广泛存在，对人体健康及生态环境具有双阈值性，低分子量有机酸可以通过竞争吸附作用抑制土壤对 F 的吸附，化学结构简单的丙二酸和草酸对 F 的吸附抑制作用大于苹果酸和柠檬酸，而且抑制作用随土壤氧化铁含量的增加和 pH 的降低而增强。有研究表明丙二酸、乙酸对大豆种子萌发有促进作用，会影响大豆幼苗的细胞膜透性以及渗透调节的功能，会提升自身保护酶的活性，提高大豆幼苗的光合作用[32]。而苹果酸、丙二酸可以与铝络合形成复合物，是中等铝解毒剂[2]。

如图 7-1 所示，通过对苦荞各个生育时期处理、品种及其交互作用与苦荞土壤丙二酸浓度之间的裂区分析可知，在苦荞 3 个生育时期，品种、处理以及品种和处理的交互均对丙二酸浓度产生了极显著影响（$P<0.01$）。

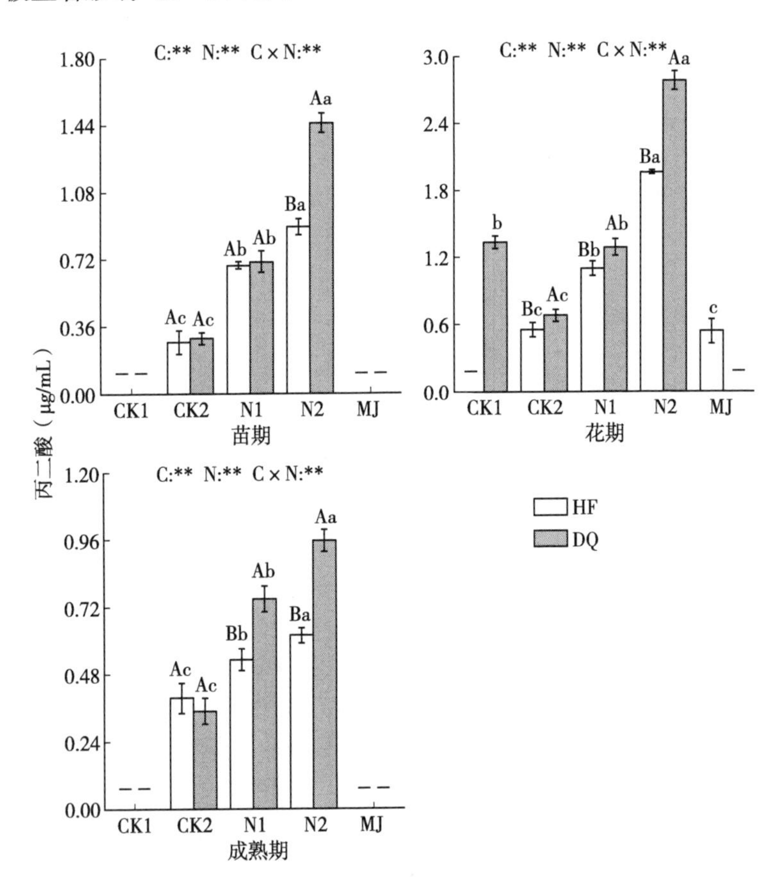

图 7-1 土壤丙二酸浓度

注：HF，黑丰苦荞，不耐低氮品种。DQ，迪庆苦荞，耐低氮品种。CK1，不施肥。CK2，不施氮肥。N1，低氮处理。N2，正常供氮。MJ，臭氧灭菌。C，品种。N，处理。C×N，品种和处理的交互作用。**，有极显著差异。

苦荞苗期，CK1 和 MJ 两种处理下，HF 和 DQ 的土壤中均未检测出丙二酸，而在 N2 处理下两个品种苦荞的土壤丙二酸浓度均达到最高值，且均表现为 N2＞N1＞CK2。HF 和 DQ 的土壤丙二酸浓度在 CK2、N1、N2 三种处理下存在显著差异（$P<0.05$），在 N2 处理下，HF 的土壤丙二酸浓度是 CK2 的 3.21 倍，并且比 N1 高 30.17%；DQ 的土壤丙二酸浓度是 CK2、N1 的 3.80 倍和 1.05 倍。CK2、N1 处理下两个品种的土壤丙二酸浓度均无显著差异，而在 N2 处理下，DQ 的土壤丙二酸浓度比 HF 高 61.43%。

苦荞花期，HF 的 5 种处理中，CK1 处理下未检测出土壤丙二酸，而在 DQ 的灭菌处理下未检测到丙二酸。HF 的 CK2、MJ 两种处理之间差异不显著，两者与 N1、N2 之间均存在显著差异，且 N2 处理与 N1 处理之间存在显著差异，在 N2 处理下土壤丙二酸浓度达最高值，分别是 CK2 和 MJ 处理的 2.56 倍和 2.65 倍，是 N1 处理的 1.78 倍。DQ 的 CK1 和 N1 之间差异不显著，但是与 CK2、N2 之间存在显著差异，N2 处理下 DQ 的土壤丙二酸浓度达到最高值，分别是 CK1、CK2 和 N1 的 1.09 倍、3.12 倍和 1.16 倍。CK2、N2 处理下，DQ 的土壤丙二酸浓度比 HF 高 22.77%和 41.96%。

苦荞成熟期，两个品种苦荞在 CK1 和 MJ 两种处理下均未检测到土壤丙二酸，在 N2 处理下两个品种的土壤丙二酸浓度均达到最高值，且均表现为 N2＞N1＞CK2。在 CK2、N1、N2 三种处理下，HF 和 DQ 的土壤丙二酸浓度均存在显著差异（$P<0.05$）。在 N2 处理下，HF 的土壤丙二酸浓度比 CK2、N1 分别高 55.93%和 16.15%；DQ 的土壤丙二酸浓度是 CK2 的 2.74 倍，比 N1 高 27.57%。在 CK2 处理下，HF 比 DQ 高 14.36%；而在 N1、N2 处理下，DQ 苦荞的土壤丙二酸浓度分别是 HF 的 1.40 倍和 1.54 倍。

7.2 低氮胁迫下不同耐瘠性苦荞对土壤苹果酸的影响

苹果酸可以来自高等植物的根系分泌物，是植物三羧酸循环的产物之一。植物残体的分解也可以产生一部分的苹果酸，这部分苹果酸源于植物游离的低碳酸（C_1～C_4）。真菌会在生命活动的过程中重新合成具有非挥发性的脂肪酸-苹果酸。植物的类型和环境胁迫会影响土壤有机酸的组成和含量，例如油菜主要分泌柠檬酸和苹果酸，根际存在 Al 的情况下，苹果酸盐会大量释放[33]，但是 H^+ 的浓度却没有变化，这种情况在小麦的生长过程中也被观察到[34]。通常认为植物根系养分吸收相耦联的质子和有机酸的分泌作用会引起根际 pH 的变化，本研究也证实了这点，再有茶园土壤的 pH 偏低也与有机酸分泌相关联，土壤中有机酸检测高达 48 种。

土壤缺乏养分元素会促使有机酸大量分泌。例如缺 P 诱导白羽扇豆生成排根，并分泌大量的柠檬酸和苹果酸，其分泌量可高达植株干重的 11%～23%，苜蓿缺 P 根系分泌柠檬酸、苹果酸和丁二酸等。其机理可能是因为 P 胁迫下改变了植物体内无机 P、ATP 和 ADP 的浓度，进而影响了参与 C、N 代谢的蛋白酶活性，降低了 RNA 的合成，增加了氨基酸和 NADH 的浓度，以及增强了乙醇脱氢酶的活性，这些变化直接影响到有机酸的合成和分泌[35]。土壤有 Al 毒害作用存在时，苹果酸和柠檬酸也会增多，并迅速与 Al 络合形成活性低的有机态 Al 从而降低毒害作用，有机酸离子在与羟基 Al 络合过程中还能释放 OH^- 使 pH 升高。

苹果酸可以作为重金属的螯合剂，在土壤中形成稳定的螯合产物，使重金属固定。同时苹果酸的分泌也可以吸引固氮菌和响应重碳酸盐胁迫[36]，研究表明一定范围内苹果酸含量的增加对根系活力有促进作用，使得根部的氮代谢能力较强，氮素在根部的还原同化比例增加，可以促进土壤中氮素的释放，同时能够促进植株对氮的吸收利用[37]。李德华等研究表明水稻在低磷胁迫下根系会分泌较多的苹果酸[38]，并且不同品种所分泌有机酸的数量具有明显差异。铅胁迫会促进杨梅的根系分泌较多苹果酸[2]，另外油菜在缺磷时根系会分泌大量苹果酸和柠檬酸[39]。

如图 7－2 所示，3 个时期，品种、处理、品种与处理的交互对苹果酸没有显著影响。在苦荞苗期的 CK1 处理下，HF 土壤中

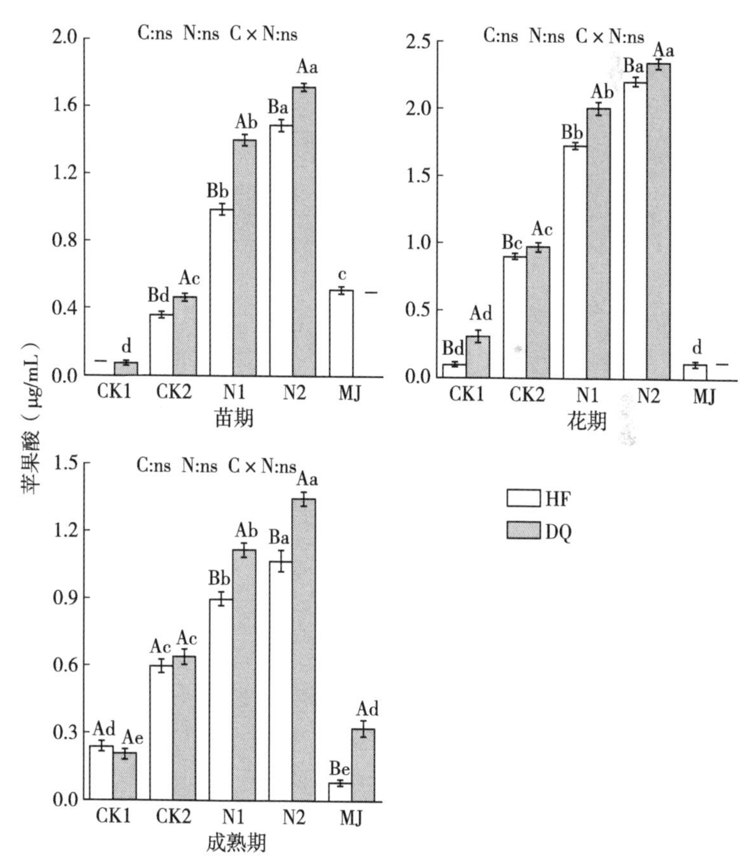

图 7－2 土壤苹果酸浓度

注：HF，黑丰苦荞，不耐低氮品种。DQ，迪庆苦荞，耐低氮品种。CK1，不施肥。CK2，不施氮肥。N1，低氮处理。N2，正常供氮。MJ，臭氧灭菌。C，品种。N，处理。C×N，品种和处理的交互作用。ns，无显著差异。

未检测到苹果酸，MJ 处理下，DQ 土壤中未检测到苹果酸，但是两种苦荞的土壤苹果酸浓度均在 N2 处理达到最高值，HF 表现为 N2>N1>MJ>CK2，DQ 则表现为 N2>N1>CK2>CK1。CK2、N1、N2 处理下，HF 的土壤苹果酸浓度比 DQ 低 22.08%、29.27%、13.13%（$P<0.05$）。

苦荞花期的 MJ 处理下，DQ 土壤中未检测到苹果酸，两种苦荞的土壤苹果酸浓度均在 N2 处理达到最高值。HF 表现为 N2>N1>CK2>CK1>MJ，N2 分别是 CK1、CK2、N1 和 MJ 的 22.03 倍、1.44 倍、27.57%、18.42 倍（$P<0.05$）；DQ 表现为 N2>N1>CK2>CK1。CK2、N1、N2 和 CK1 处理下，HF 的土壤苹果酸浓度比 DQ 低 68.78%、7.46%、14.00%、5.91%（$P<0.05$）。

苦荞成熟期，两种苦荞的土壤苹果酸浓度均在 N2 处理达到最高值，HF 的 N2 处理是 CK1、CK2、N1 和 MJ 的 3.46 倍、78.58%、18.98%、12.52 倍（$P<0.05$），DQ 的 N2 处理是 CK1、CK2、N1 和 MJ 的 5.52 倍、1.10 倍、19.97%、3.15 倍（$P<0.05$）。N1、N2 和 MJ 处理下，HF 的土壤苹果酸浓度分别比 DQ 低 19.75%、20.41%和 75.55%。

7.3 低氮胁迫下不同耐瘠性苦荞对土壤丙酸的影响

丙酸可以来自高等植物的根系分泌物，是脂肪酸的一种。微生物的生命活动也可以重新合成一些挥发性的脂肪酸——丙酸，丙酸也可以来源于细菌的生命活动。土壤中低分子量有机酸的类型和数量因土壤类型、植物种类、土壤微生物的数量和活性而存在巨大差异，并且处于不断合成与分解的动态平衡中。其浓度一般不高，通常是微摩尔—毫摩尔数量级，但是根际由于贮存了大量的有机酸以及分泌的质子引起产酸细菌的繁殖和生长，低分子量有机酸含量一般可高达 1～10mmol，显著高于非根际土壤。

研究表明适宜浓度的丙酸会缓解干旱对小麦生长造成的胁迫，

可以一定程度上抑制小麦叶片中蛋白水解酶的活性，提高可溶性蛋白的含量，可以促进小麦的氮代谢运转过程，促进小麦对氮素的吸收，提高产量水平[40]。

如图 7-3 所示，通过各个生育时期处理、品种及其交互作用与苦荞土壤丙酸浓度之间的裂区分析可知，在苦荞苗期，品种对土

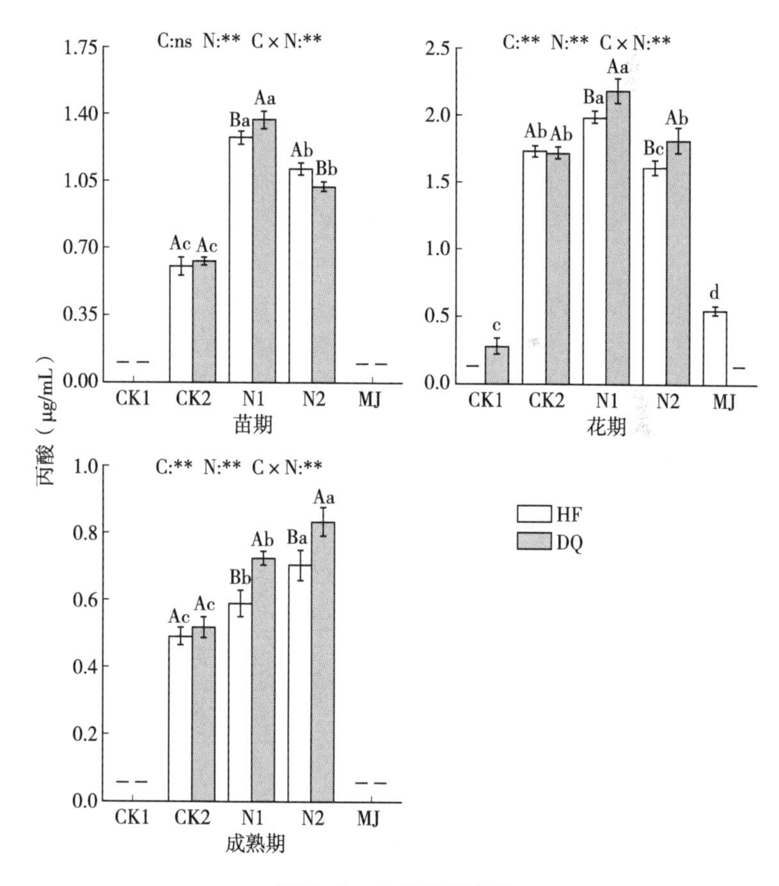

图 7-3 土壤丙酸浓度

注：HF，黑丰苦荞，不耐低氮品种。DQ，迪庆苦荞，耐低氮品种。CK1，不施肥。CK2，不施氮肥。N1，低氮处理。N2，正常供氮。MJ，臭氧灭菌。C，品种。N，处理。C×N，品种和处理的交互作用。**，有极显著差异。ns，无显著差异。

壤丙酸浓度未产生显著影响，处理以及品种和处理的交互作用对丙酸浓度产生了极显著影响（$P<0.01$）。而在苦荞的花期和成熟期，处理、品种及其交互作用均对苦荞土壤丙酸浓度产生了极显著影响（$P<0.01$）。

苦荞苗期，在 CK1 和 MJ 处理下，HF 和 DQ 土壤中均未检测出丙酸，而在 N1 处理下两个品种的土壤丙酸浓度均达到最高值，且均表现为 N1＞N2＞CK2。N1 处理下，HF 的土壤丙酸浓度比 CK2 和 N2 高 1.1 倍和 14.56%。而 DQ 的 CK2、N1、N2 处理之间同样存在显著差异（$P<0.05$），在 N1 处理下，DQ 的土壤丙酸浓度比 CK2 高 1.18 倍，是 N2 的 1.35 倍。在 3 种处理中，CK2 处理下两个品种之间差异不显著，而在 N1、N2 处理下差异显著（$P<0.05$）。N1 处理下，DQ 的土壤丙酸浓度比 HF 高 7.30%；N2 处理下，DQ 比 HF 低 8.96%。

苦荞花期，HF 和 DQ 的土壤丙酸浓度均在 N1 处理下达到最高值。HF 的 5 种处理中，CK1 处理下未检测出土壤丙酸，其余几种处理之间均表现为显著差异（$P<0.05$），N1 处理下分别比 CK2、N2 和 MJ 高 14.34%、23.14%和 2.61 倍。而 DQ 的 5 种处理中，在 MJ 处理下未检测到土壤丙酸，CK2 与 N2 两种处理下土壤丙酸浓度差异不显著（$P<0.05$），但是 N1 处理比 N2 和 CK2 高 20.36%和 26.89%，是 CK1 的 7.92 倍。在 CK2 处理下，两个品种的土壤丙酸浓度无显著差异；而在 N1、N2 处理下，DQ 苦荞的土壤丙酸浓度分别比 HF 高 9.78%和 12.31%。

苦荞成熟期，HF 和 DQ 在 CK1、MJ 处理下未检测出丙酸，在 N2 处理下两个品种的土壤丙酸浓度均达到最高值，且均表现为 N2＞N1＞CK2。在 CK2、N1、N2 处理中，HF 的土壤丙酸浓度存在显著差异（$P<0.05$），N2 处理分别比 N1 和 CK2 高19.60%和 43.75%。而 DQ 的土壤丙酸浓度差异同样显著，N2 处理比 CK2 和 N1 高 61.01%、14.53%。

7.4 低氮胁迫下不同耐瘠性苦荞对土壤草酸的影响

草酸可以来自高等植物的根系分泌物，是脂肪酸的一种。有机物残体分解也可以产生有机酸，例如一部分植物体内游离的低级（C_1～C_4）脂肪酸、草酸。植物种类会显著影响有机酸的种类和含量，强富钾植物籽粒苋的根系分泌物中，低分子量有机酸主要是草酸，其质量分数可高达95%以上。土壤中低分子量有机酸是微生物生长繁殖的重要能源物质，直接影响微生物的种类和数量，相应的微生物也一直进行着有机酸的合成与分解活动，其次生代谢产物也可能抑制或者刺激植物根系分泌有机酸，从而影响有机酸的组成和含量。如大豆根际分泌物可以促进根际细菌的生长，而细菌的存在又可以促进植物根际分泌物的生成，有些微生物如菌丝真菌可以释放大量的草酸和柠檬酸。由此可知，土壤微生物同时充当着低分子有机酸的源和库。土壤中草酸的浓度还会影响胞外酶和土壤之间的键和作用，例如，草酸浓度为0～5mmol时，表现为抑制吸附，当浓度为5～50mmol时，表现为刺激吸附[41]。

有机酸对土壤中矿物的溶解能力更强，是雨水的2～4倍，例如，草酸比其他有机酸甚至盐酸风化黑云母更强，溶解硅酸盐也更有效。草酸还是较强的铝解毒剂，可以与铝络合形成稳定的络合物[2]。有研究表明在低磷胁迫下，某些双子叶植物会在根际土壤中释放大量的柠檬酸、草酸、乳酸等，它们可以与铁、钙以及铝等多种金属离子通过螯合以及络合作用形成稳定的络合物，从而促进土壤中磷素的释放[2]。另有研究表明，钾利用高效型的籽粒苋根系会分泌大量低分子有机酸，其中草酸的含量最多，对含钾矿物中钾的释放具有促进作用[22]。

如图7-4所示，在苗期和成熟期，品种对苦荞草酸浓度有显著影响（$P<0.05$），氮处理以及氮处理和品种的交互作用不显著，在花期，品种、氮处理以及氮处理和品种的交互作用不显著。

苦荞苗期，除CK1和MJ外，其余3种处理下两种苦荞之间的草酸浓度存在显著差异（$P<0.05$）。HF 和 DQ 的土壤草酸浓度均在 N1 处理达到最高值，HF 表现为 N1＞CK2＞N2＞CK1、MJ，DQ 表现为 N1＞CK2＞N2。

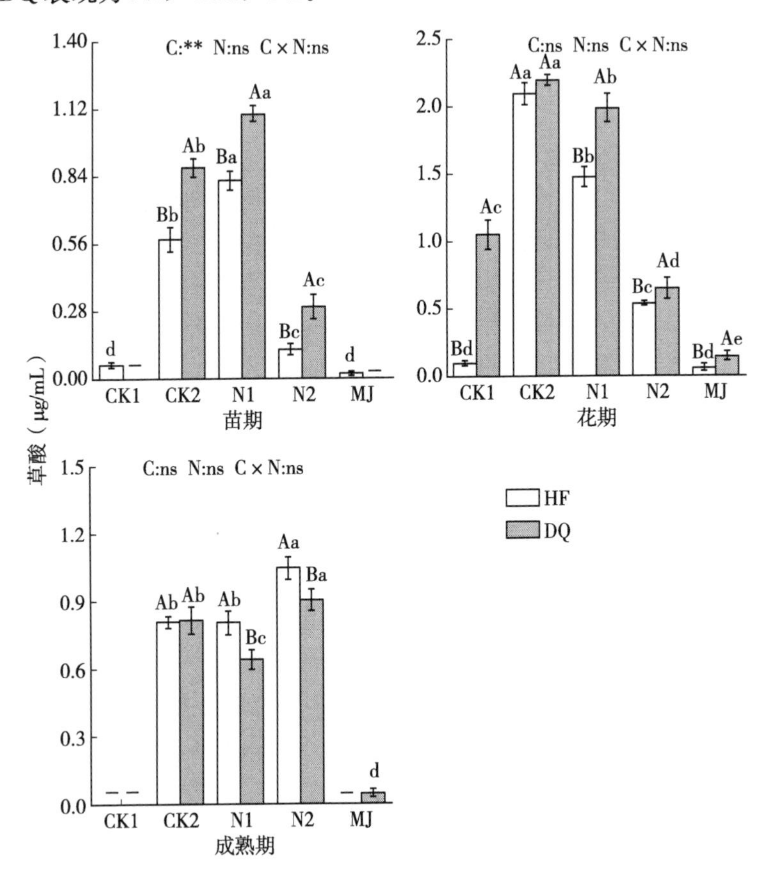

图 7-4　土壤草酸浓度

注：HF，黑丰苦荞，不耐低氮品种。DQ，迪庆苦荞，耐低氮品种。CK1，不施肥。CK2，不施氮肥。N1，低氮处理。N2，正常供氮。MJ，臭氧灭菌。C，品种。N，处理。C×N，品种和处理的交互作用。**，有极显著差异。ns，无显著差异。

苦荞花期，除 CK2 处理外，两种苦荞之间的草酸浓度存在显著差异（$P<0.05$），HF 的土壤草酸浓度显著低于 DQ。两种苦荞

的土壤草酸浓度均在 CK2 处理达到最高值，HF 表现为 CK2＞N1＞N2＞CK1、MJ，CK2 分别比 N1、N2、CK1 和 MJ 高 42.02%、2.9 倍、20.8 倍和 38.5 倍；DQ 表现为 CK2＞N1＞CK1＞N2＞MJ，CK2 分别比 N1、CK1、N2 和 MJ 高 10.79%、1.1 倍、2.4 倍和 14.9 倍。

苦荞成熟期，HF CK1 和 MJ 处理下未检测到草酸含量。CK2 处理下，两品种的土壤草酸浓度无差异；N1、N2 处理下，HF 的土壤草酸浓度分别比 DQ 高 25.99%和 16.41%（$P<0.05$）。HF 的土壤草酸浓度在 N2 处理达到最高值，表现为 N2＞N1、CK2，N2 处理比 N1 和 CK2 高 29.96%和 29.58%；DQ 的土壤草酸浓度表现为 N2＞CK2＞N1＞MJ。

7.5 低氮胁迫下不同耐瘠性苦荞对土壤酒石酸的影响

酒石酸可以来自高等植物的根系分泌物，是脂肪酸的一种。当植物的生长受到机械阻力时，根系分泌有机酸的数量会明显激增。低分子量有机酸可以影响土壤酶在土壤胶体和矿物上的吸附，继而影响其活性。土壤中一部分胞外酶游离于土壤溶液中，另一部分则通过物理、化学等方面的键能与矿物、腐殖质相结合。其中，有机酸对酶的吸附就起到重要的作用，如酒石酸对磷酸酶的吸附表现出抑制作用[41]。土壤中 P 往往因为难溶态的存在而限制作物的生长，而苹果酸、柠檬酸、草酸以及酒石酸能够使土壤中 P 的释放增强 10～1 000 倍。在石灰性土壤中对 P 活化能力的大小进行排序发现，草酸≥柠檬酸＞苹果酸＞酒石酸；而对酸性土壤 P 释放的研究发现，柠檬酸＞草酸，酒石酸＞苹果酸。另外，有机酸也可以活化被腐殖质-金属复合物束缚的 P，主要机理是：①有机酸与磷酸根之间竞争络合位点，降低土壤对磷酸根的吸附；②有机酸和土壤中的铁铝氧化物、水化物之间发生络合反应，改变这些吸附剂表面的电荷，从而降低土壤对磷酸根的吸附固定；③酸溶解作用，由于植物分泌有机酸，根际 pH 明显降低，从而促进了难溶性含 P 化合物的溶解，提高 P 的生物有效性；④消除土壤 P 吸附位点；⑤有机酸/有机阴离子与 Fe、Al 和 Ca 等金属离子间的络合反应，造成含 P 化合物的溶解，从而活化土壤中的 P。

酒石酸可以螯台重金属，达到解毒土壤的作用。例如酒石酸淋洗土壤，可以洗掉 75%左右的 Pb、91%的 Cd 等[42]，土壤中酒石酸的分泌可以减轻 Pb 对萝卜生长的伤害。有机酸对植物吸收重金属的影响与有机酸类型和浓度、重金属类型、土壤类型以及土壤环境条件密切相关。有研究表明印度豇豆、肥田萝卜在缺磷胁迫环境下，较不缺磷环境相比根系会分泌更多的酒石酸[25]。杉木和不同马尾松在缺磷条件下，均会分泌大量草酸、酒石酸等，且随着缺磷胁迫程度的增加，分泌量会随之增加[43]。研究表明酒石酸也会与铝络合形成稳定的络合物，是较强的铝解毒剂[2]。

如图 7-5 所示，3 个生育时期，品种、处理、品种与处理的交互作用对酒石酸没有显著影响。

苦荞苗期，CK1、CK2、N1 处理下，HF 土壤中未检测到酒石酸，N2 处理下检测到较多酒石酸；DQ 的土壤酒石酸浓度在 N2 处理达到最高值，表现为 N2＞N1＞CK2＞MJ，N2 分别比 CK2、N1、MJ 高 2.05 倍、15.37%、6.35 倍。N2 处理下，两种苦荞的土壤酒石酸浓度无差异。MJ 处理下，HF 的土壤酒石酸浓度比 DQ 高 1.76 倍（$P<0.05$）。

苦荞花期，两种苦荞的土壤酒石酸浓度均在 N2 处理达到最高值，HF 表现为 N2＞N1＞CK2＞MJ＞CK1，N2 分别比 CK1、CK2、N1、MJ 高 6.83 倍、1.41 倍、36.11%、2.97 倍。DQ 表现为 N2＞N1＞CK1＞ CK2＞MJ，N2 分别比 CK1、CK2、N1、MJ 高 1.32 倍、2.59 倍、11.26%、23.81 倍。CK2 处理下，两品种的土壤酒石酸浓度无差异；但是 CK1、N1、N2 处理下，HF 的土壤酒石酸浓度比 DQ 低 76.87%、36.28 和 22.05%。

苦荞成熟期，两种苦荞的土壤酒石酸浓度均在 N2 处理达到最高值，HF 表现为 N2＞N1＞CK2＞MJ、CK1，N2 分别比 CK1、

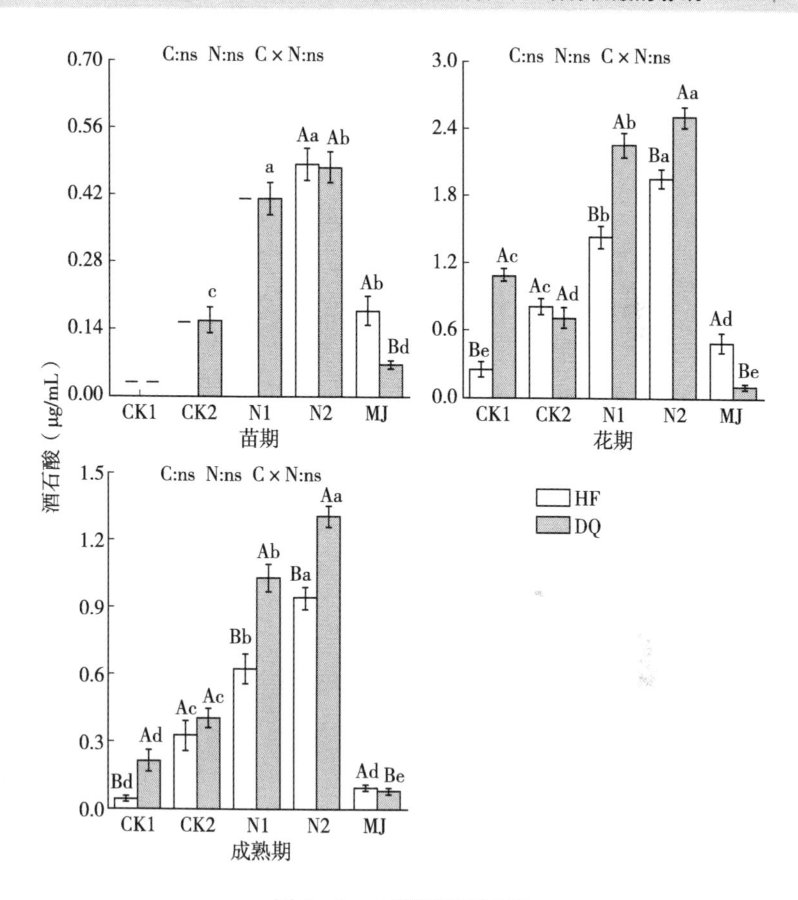

图 7-5　土壤酒石酸浓度

注：HF，黑丰苦荞，不耐低氮品种。DQ，迪庆苦荞，耐低氮品种。CK1，不施肥。CK2，不施氮肥。N1，低氮处理。N2，正常供氮。MJ，臭氧灭菌。C，品种。N，处理。C×N，品种和处理的交互作用。ns，无显著差异。

CK2、N1、MJ 高 20.96 倍、1.86 倍、50.73%、8.60 倍，DQ 表现为 N2＞N1＞CK2＞ CK1 ＞MJ，N2 分别比 CK1、CK2、N1、MJ 高 5.01 倍、2.24 倍、26.58%、15.87 倍。CK2 处理下，两品种的土壤酒石酸浓度无差异；CK1、N1、N2 处理下，HF 的土壤酒石酸浓度分别比 DQ 低 80.00%、39.36%、27.79%；MJ 处理

下，HF 的土壤酒石酸浓度显著高于 DQ（26.95%）。

7.6 低氮胁迫下不同耐瘠性苦荞对土壤乙酸的影响

乙酸可以来自高等植物的根系分泌物，是脂肪酸的一种。城市降雨中通常含有 10～500 μmol 乙酸盐，所以，大气沉降也对土壤乙酸的存在有所贡献，微生物的生命活动也可以重新合成一些挥发性的脂肪酸——乙酸，乙酸也可以源于细菌的生命活动。另外乙酸还影响土壤中胞外酶和腐殖质以及矿物质之间的吸附，如乙酸浓度在 0～10mmol 时，对土壤胞外酶的吸附为刺激作用，但是当浓度大于 10mmol 时，则表现为抑制吸附[41]。

如图 7-6 所示，通过各个生育时期处理、品种及其交互作用与苦荞土壤乙酸浓度之间的裂区分析可知，在苦荞的 3 个生时育期，品种、处理以及品种和处理的交互作用均对乙酸浓度产生了极显著影响（$P<0.01$）。

苦荞苗期，在 CK1、CK2、N1 和 MJ 处理下两种苦荞土壤中均未检测出乙酸，仅在 N2 处理下的 DQ 土壤中检测到乙酸。

苦荞花期，HF 的 5 种处理中，CK1 和 MJ 处理下未检测出乙酸，乙酸在 CK2、N1 和 N2 之间存在显著差异（$P<0.05$），N2 处理下乙酸浓度达最高，分别比 CK2 和 N2 高 1.03 倍和 30.7%。DQ 的 5 种处理中，CK1 和 MJ 处理下未检测出乙酸，N2 分别比 CK1 和 N1 高 1.39 倍和 22.3%。两个品种在 CK2 处理下差异不显著，而在 N1 和 N2 处理下均存在显著差异（$P<0.05$），且均表现为 DQ 的乙酸浓度大于 HF，N1 处理下 DQ 比 HF 高 25.1%，N2 处理下高 17.1%。

苦荞成熟期，CK1 和 MJ 处理下两个品种苦荞土壤中均未检测出乙酸，N2 处理下土壤乙酸浓度最高，且均表现为 N2>N1>CK2。在 HF 的 CK2、N1 和 N2 处理下，N2 分别比 CK2 和 N1 高 1.9 倍和 32%；而在 DQ 的 3 种处理中，N2 显著高于 CK2 1.4 倍，是 N1 的 1.3 倍。两个品种在 CK2、N1 和 N2 处理下均表现出显著

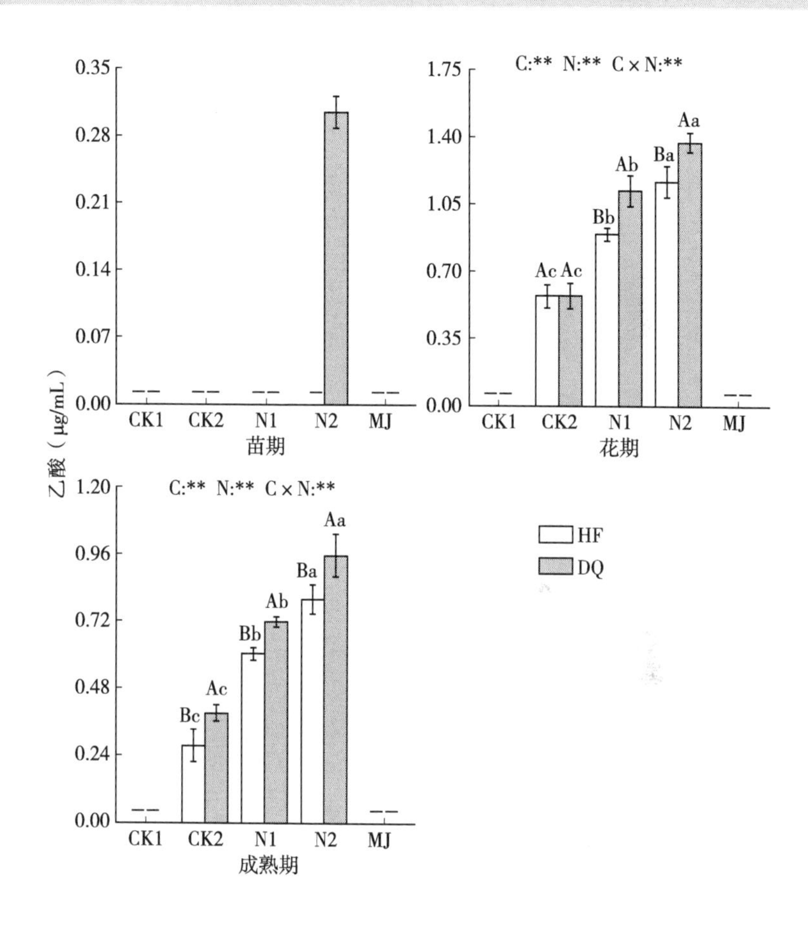

图 7-6 土壤乙酸浓度

注：HF，黑丰苦荞，不耐低氮品种。DQ，迪庆苦荞，耐低氮品种。CK1，不施肥。CK2，不施氮肥。N1，低氮处理。N2，正常供氮。MJ，臭氧灭菌。C，品种。N，处理。C×N，品种和处理的交互作用。**，有极显著差异。

差异（$P<0.05$），且均表现为DQ的乙酸浓度大于HF，CK2处理下DQ是HF的1.4倍，在N1和N2处理下DQ分别比HF高18.5%和19.4%。

7.7 低氮胁迫下不同耐瘠性苦荞对土壤乳酸的影响

乳酸可以来自高等植物的根系分泌物，是脂肪酸的一种。真菌会在生命活动的过程中重新合成具有非挥发性的脂肪酸——乳酸。土壤 pH、温度、含水量、微生物活性以及有机物种类和含量会影响低分子有机酸的组成和含量。在养分胁迫下，通常会分泌更多的有机酸，例如，缺氧时，根系无氧呼吸会产生较多的乳酸，一些植物为了减轻对细胞质的毒害而从根部分泌出来。研究表明低磷胁迫下，乳酸也可以与铁、铝、钙等金属离子螯合或络合形成稳定络合物，促进土壤中难溶性元素的释放[2]。

如图 7－7 所示，通过各个生育时期处理、品种及其交互作用与苦荞土壤乳酸浓度之间的裂区分析可知，在苦荞花期与成熟期，处理以及品种和处理的交互作用对乳酸浓度产生了极显著影响（$P<0.01$）。

苦荞苗期，在 CK1、CK2 和 MJ 处理下两种苦荞土壤中均未检测出乳酸，以及在 N1 和 N2 处理下的 HF 土壤中未检测出乳酸，DQ 土壤中乳酸浓度仅在 N1 和 N2 处理下检测出，N1 比 N2 高 1.18 倍。

苦荞花期，HF 的 5 种处理中，CK1 和 MJ 处理下未检测出乳酸，乳酸在 CK2、N1 和 N2 之间均存在显著差异（$P<0.05$），N1 处理分别比 CK2 和 N2 高 98.5％和 20.9％。DQ 的 5 种处理中，仅在 N1 和 N2 处理下检测出乳酸，N1 显著高于 N2 23.3％。两个品种在 N1 和 N2 处理下存在显著差异（$P<0.05$），均表现为 DQ 的乳酸浓度大于 HF，N1 处理下 DQ 比 HF 高 19.4％，N2 处理下高 17.1％。

苦荞成熟期，HF 的 5 种处理中，CK1 和 MJ 处理下未检测出乳酸，CK2、N1 和 N2 之间均存在显著差异（$P<0.05$），其中 N2 处理下土壤乳酸浓度最高，分别比 CK2 和 N1 高 55.6％和 14.3％。

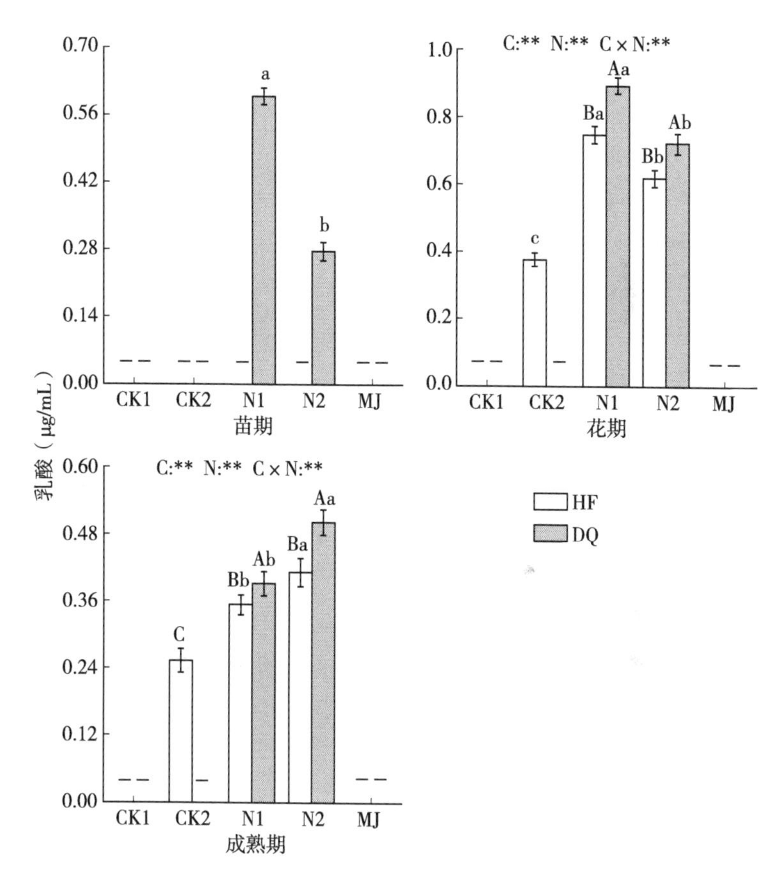

图 7-7　土壤乳酸浓度

注：HF，黑丰苦荞，不耐低氮品种。DQ，迪庆苦荞，耐低氮品种。CK1，不施肥。CK2，不施氮肥。N1，低氮处理。N2，正常供氮。MJ，臭氧灭菌。C，品种。N，处理。C×N，品种和处理的交互作用。**，有极显著差异。

DQ 的 5 种处理中，仅在 N1 和 N2 处理下检测出土壤乳酸，N2 是 N1 的 1.3 倍。两个品种在 N1 和 N2 处理下均存在显著差异（$P<0.05$），且均表现为 DQ 的乳酸浓度大于 HF，N1 处理下 DQ 比 HF 高 12.4%，N2 处理下高 25.1%。

7.8 低氮胁迫下不同耐瘠性苦荞对土壤甲酸的影响

甲酸可以来自高等植物的根系分泌物，是脂肪酸的一种。城市降雨中通常含有 10～500 μmol 的甲酸盐，所以，大气沉降也对土壤甲酸的存在有所贡献。微生物的生命活动也可以重新合成一些挥发性的脂肪酸——甲酸，甲酸也可以来源于细菌的生命活动。

如图 7－8 所示，苦荞苗期，CK1、CK2、N1 和 MJ 处理下，两种苦荞的土壤中均未检测到甲酸，N2 处理下两种苦荞土壤中均检测到甲酸但无差异。

苦荞花期，CK1、CK2、N1、MJ 处理下，DQ 苦荞土壤中未检测到甲酸，N2 处理下检测到较多甲酸；HF 苦荞土壤甲酸浓度在 N2 处理达到最高值，表现为 N2＞N1＞CK2，N2 分别比 CK2、N1 高 86.61%和 39.45%（$P<0.05$）。N2 处理下，HF 土壤甲酸浓度显著高于 DQ 15.72%（$P<0.05$）。品种、处理、品种与处理的交互对甲酸没有显著影响。

苦荞成熟期，不同处理下，两种苦荞的土壤中均未检测到甲酸。

7.9 低氮胁迫下环境因子对土壤有机酸的影响

近年来，植物碳氮代谢的耦联是植物营养学、生理学等研究的热点问题，而有机酸正是碳氮代谢耦联的一个纽带。一方面，植物分泌有机酸受到氮素营养代谢的影响；另一方面，有机酸的形成与累积在氮素的代谢中又发挥着重要的作用。作为植物与土壤的连接部分，根系会不断从土壤中吸收水分和营养物质等来维持植物生长，当植物受到养分胁迫时，植物体内会产生一系列内在反应，其中根系会最先感受到胁迫并迅速做出反应，不仅形态上会发生变化以适应胁迫环境，另外会通过根系分泌的方式向根际土壤中释放各

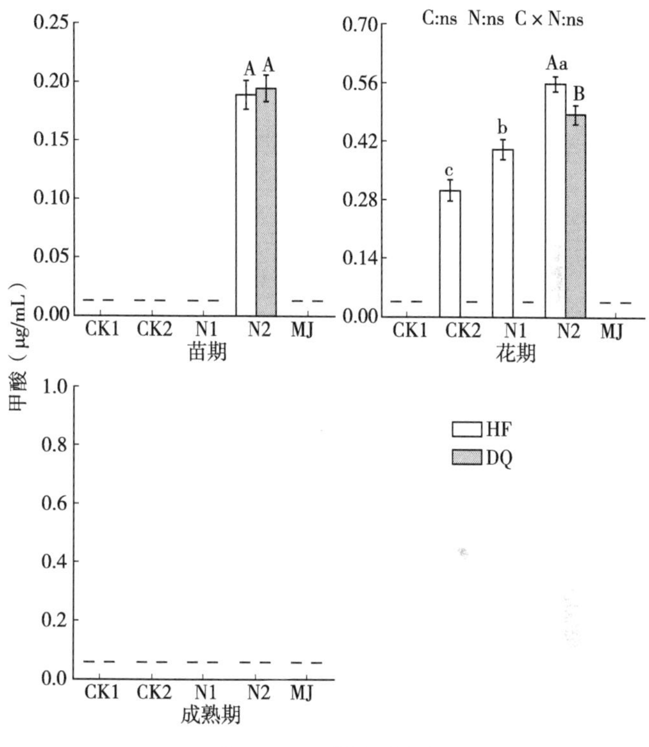

图 7－8　土壤甲酸浓度

注：HF，黑丰苦荞，不耐低氮品种。DQ，迪庆苦荞，耐低氮品种。CK1，不施肥。CK2，不施氮肥。N1，低氮处理。N2，正常供氮。MJ，臭氧灭菌。C，品种。N，处理。C×N，品种和处理的交互作用。ns，无显著差异。

种有机酸，从而产生根际效应，调控或者影响植株的生长发育[1]。根系通过溢泌作用释放到根际环境中的这些有机碳、氮，其中的90%会被根际再吸收，促进了植物营养元素的物质循环和能量流动[44]。

张俊英等研究表明当供应的氮素浓度比较低时，在大豆的根系分泌物中可以检测到柠檬酸，而当氮素的浓度变高时反而检测不到柠檬酸。徐国伟等研究表明结实期氮提高了水稻根系活性、根系有机酸及氨基酸的分泌[16]，说明不同氮肥量对单一有机酸含量影响不同，其含量有增加亦有减少。植物根系分泌物质的种类及含量是植物自身的适应及反应特征，所以植物的品种类型、基因型等对根系分泌物有重要的影响[15]，说明不同植物品种或同物种不同基因型作物在胁迫条件下分泌的有机酸种类及含量会有明显差异。如胁迫环境下油菜主要分泌苹果酸和柠檬酸，富钾植物籽粒苋主要分泌草酸等，苜蓿根系主要分泌柠檬酸、苹果酸和丁二酸等，肥田萝卜主要分泌酒石酸、丁二酸和苹果酸等，杉木主要分泌酒石酸、草酸，马尾松则主要分泌草酸、苹果酸、酒石酸等[2,25]。另外，耐低磷大豆品种较磷敏感品种在低氮胁迫下释放的有机酸更多[38,45]，耐低磷胁迫的宜昌橙根系分泌的有机酸总量显著高于其他柑橘砧木[46]。

近年来的研究表明，根系分泌物对于维护根际生态环境具有积极的作用，同时会对根际土壤环境中某些物质的迁移和调控产生作用。当植株生长环境发生变化时，植物根系分泌物的种类和数量会发生变化，这是一种本能反应。一方面，根系分泌物的变化受环境的影响；另一方面，植物可以通过向土壤中释放根系分泌物来改善生长环境。根系分泌物会对土壤环境产生影响，如降低土壤 pH，酸化土壤环境，这主要是因为根系分泌物中大量的 H^+ 和低分子量有机酸的存在[2]。在石灰土中，降低土壤 pH 的方法之一就是通过植物根系分泌较多有机酸，而降低土壤 pH 会促进土壤中铁的活化量，从而缓解缺铁胁迫。根系分泌的有机酸可以明显降低根际土壤的 pH，从而加速土壤中难溶性磷的溶解，提高土壤中磷的有效性。因此，研究根系分泌物的种类及其影响因素、根系分泌物对根际环境的影响具有重大的研究意义。

苦荞冗余分析（RDA）结果显示（图 7 - 9），苦荞苗期环境因子对不同有机酸浓度的影响，一轴可以解释 59.1%的变异程度，二轴可以解释 19.7%的变异程度。第一主轴大致可以将两个品种苦荞的 N2、MJ 处理与 CK1、CK2、N1 区分开；沿第二主轴可以将两个品种的 CK1、MJ 处理与其他处理区分开。

在苦荞苗期，含水量、有机碳、铵态氮、全氮、全磷、硝态

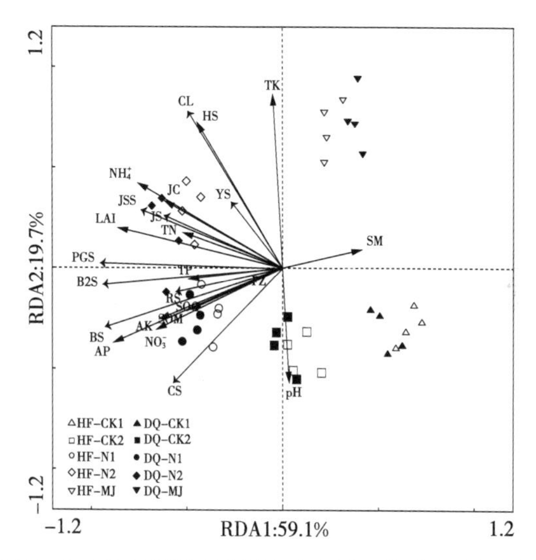

图 7－9　苦荞苗期环境因子对土壤有机酸含量的影响

注：B2C，丙二酸。PGS，苹果酸。BS，丙酸。CS，草酸。JSS，酒石酸。YS，乙酸。RS，乳酸。JS，甲酸。pH，土壤酸碱性。SM，土壤水分。SOM，土壤有机质。SOC，土壤有机碳。NO_3^-，土壤硝态氮。NH_4^+，土壤铵态氮。AP，土壤有效磷。AK，土壤速效钾。TN，土壤全氮。TP，土壤全磷。TK，土壤全钾。LAI，叶面积。JC，茎粗。CL，产量。HS，株高。HF，黑丰1号苦荞。DQ，迪庆苦荞。CK1，不施肥处理。CK2，不施氮肥处理。N1，低氮处理。N2，正常供氮。MJ，臭氧灭菌。下同。

氮、有效磷、速效钾、有机质、茎粗和叶面积对有机酸浓度的影响较大，其次是全钾和株高，pH对其影响最小，以上所有理化性质均达显著水平（$P<0.05$）。

除乙酸和草酸、草酸和甲酸之间存在负相关关系之外，其他酸之间均为正相关。丙二酸、乙酸、乳酸、酒石酸、苹果酸与含水量、pH之间为负相关，与其他环境因子之间均为正相关；丙酸与含水量、全钾之间表现为负相关，与其他环境因子之间均为正相关；草酸与含水量、全钾和株高之间表现为负相关，与其他环境因子之间均为正相关；甲酸和pH之间表现为负相关，与其他环境因子之间均为正相关。

苦荞冗余分析（RDA）结果显示（图 7－10），苦荞花期环境因子对不同有机酸浓度的影响，一轴可以解释 64%的变异程度，二轴可以解释 15.1%的变异程度。第一主轴大致可以将两个品种苦荞的 CK1、CK2、N1 与 N2、MJ 处理区分开；沿第二主轴可以将两个品种的 CK1、MJ 处理与其他处理区分开。

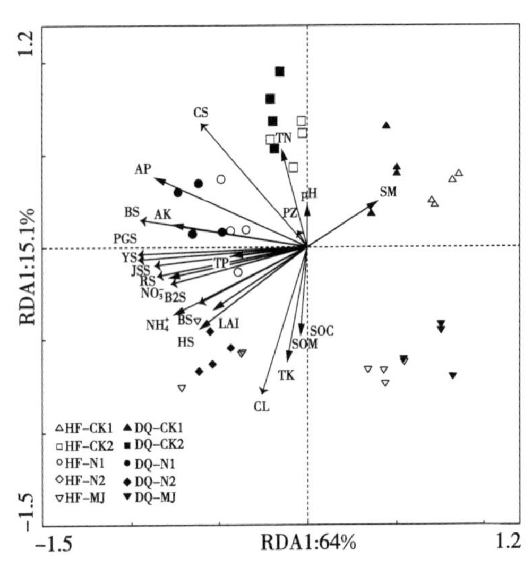

图 7－10　苦荞花期环境因子对土壤有机酸含量的影响

在苦荞花期，全磷、硝态氮、有效磷、速效钾、株高、茎粗、叶面积、铵态氮对有机酸浓度的影响较大，达显著水平（$P<0.05$）。

8 种酸之间均表现为正相关关系。丙二酸与含水量、pH、全氮之间表现为负相关，与其他环境因子之间表现为正相关；丙酸与含水量、有机质、有机碳之间表现为负相关，与其他环境因子之间表现为正相关；乙酸、乳酸、酒石酸、苹果酸与含水量、pH 之间表现为负相关，与其他环境因子之间表现为正相关；草酸与含水量、全钾、有机质、有机碳、叶面积之间表现为负相关，与其他环境因子之间表现为正相关；甲酸仅与含水量之间表现为负相关。

苦荞冗余分析（RDA）结果显示（图 7－11），苦荞成熟期环境因子对不同有机酸浓度的影响，一轴可以解释 64.7%的变异程度，二轴可以解释 15.9%的变异程度。第一主轴大致可以将两个品种苦荞的 CK1、CK2、DQ 的 N1 与 HF 的 N2、MJ 处理区分开；沿第二主轴可以将两个品种的 CK1、MJ 处理与其他处理区分开。

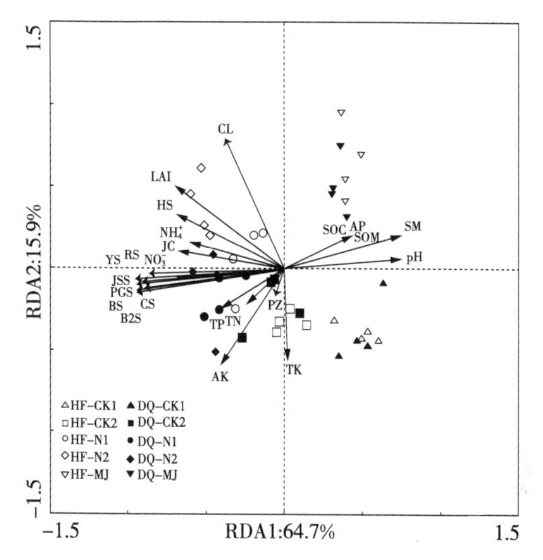

图 7-11　苦荞成熟期环境因子对土壤有机酸含量的影响

在苦荞成熟期，含水量、pH、铵态氮、硝态氮、株高、茎粗、叶面积对有机酸浓度的影响较大，达显著水平（$P<0.05$）。两个品种苦荞土壤中均未检测出甲酸，其余 7 种酸之间均表现为正相关关系。7 种酸均与含水量、pH、有机质、有机碳、有效磷之间表现为负相关，与其他环境因子之间表现为正相关；除此之外，乙酸、甲酸与全钾之间表现为负相关。

在本试验中，两个品种苦荞在不同时期的不同处理下各种有机酸的浓度情况存在差异，说明不同有机酸对不同处理的响应不同。由于养分含量是作物生长的主要限制因子，如氮素作为植物生长发育中重要的营养元素，氮的缺乏不利于植物的生长发育[47]，当植物生长发育不良时，根系活力下降导致土壤有机酸的分泌量减少，因此在 MJ 和 CK1 这两种不施肥处理下，苦荞由于受到养分胁迫，根系生长活力受到抑制，分泌的有机酸含量较低，在缺乏营养元素或不施肥情况下，水稻根系分泌的有机酸总量会降低。因此，在CK1和MJ这两种不施肥处理下，两个品种苦荞土壤中均未检测到有机酸。

在花期，由于植物不同发育阶段的根系分泌物在种类与数量上存在差异，植物生长活动旺盛的时期也往往是根系分泌的高峰期[2]，而花期苦荞叶面积、茎粗、株高达最大值，此时苦荞生长活动旺盛，因此根系分泌有机酸浓度也较高。此外有研究发现，植物光合产物的28%～59%转移到地下部，其中有4%～70%通过根系的分泌作用进入土壤[48]，而研究表明植物光合作用效率决定光合产物的产量和质量，进而影响根系分泌物的种类、含量以及定位[1]，花期叶面积最大，此时光合作用效率最强，因此在花期仅可以在CK1和MJ处理下检测出有机酸。在CK1处理下，仅在DQ土壤中检测到丙二酸和丙酸；而在MJ处理下，仅在HF土壤中检测到丙二酸和丙酸，这可能是因为不同品种苦荞对氮素形态的偏好不同，有研究表明HF苦荞可能更喜铵态氮，而DQ苦荞更喜硝态氮。在花期MJ处理下的HF土壤中铵态氮含量较高，这可能是花期HF土壤中能够检测出丙酸和丙二酸的一个原因。

在低氮处理下，DQ苦荞土壤中4种酸的浓度均高于HF，根据张楚等研究可知，与不耐低氮品种相比，耐低氮苦荞品种在低氮环境中能够维持较高的根系SOD活性、POD活性、渗透调节物质含量且产生较少的丙二醛，可更好地适应低氮环境，这是耐低氮胁迫的重要生理机制之一[47]；而耐低氮苦荞品种在低氮胁迫下仍具有较高的根系活力、NR活性及蛋白质含量也保证了对低氮环境较强的适应性。因此，耐低氮的DQ苦荞在低氮处理下的根系活力比HF高，根系分泌的有机酸浓度也较高。

除此之外，在苗期和花期根际土壤中检测到的丙酸、草酸、乳酸显著高于常氮处理，因此，低氮胁迫下苦荞可能会通过根系分泌较多的丙酸、草酸、乳酸等有机酸来适应胁迫环境，究竟这种判断是否正确，仍然需要进一步的研究。成熟期低氮处理下丙酸、草酸和乳酸这几种有机酸的含量均低于常氮处理，这可能是由于成熟期植株基本完成生命活动，对养分的需求减少，根系活力下降，根系分泌的各种有机酸含量也出现下降。

除苗期的CK1和MJ、花期的MJ两种苦荞土壤中未检测到苹果酸外，成熟期CK1处理下两种苦荞的差异不显著，其余处理下均表现为HF苦荞显著低于DQ苦荞，耐低氮品种可能会通过分泌更多苹果酸的方式更好地适应胁迫。

除CK1和MJ处理外，两种苦荞同一处理下的土壤草酸浓度均表现为随苦荞的生长期先增加后降低的趋势，苗期到花期草酸浓度增加，花期到成熟期草酸浓度降低。苗期到花期，这段时间苦荞迅速生长，根系生长旺盛，根系活力增强，根分泌物逐渐增多，草酸浓度增加；花期到成熟期，作物生长进入成熟期，根系衰老，根系活力降低，根系分泌物减少，草酸浓度降低[49]。

3个生育时期MJ处理下的草酸含量均最低，根系分泌物一部分来源于微生物生长，而经过臭氧灭菌处理后，一定程度上抑制了微生物的生长，导致其草酸浓度较低。苗期和花期不施氮肥处理和低氮处理下草酸的含量高于常氮处理，低氮胁迫下苦荞通过根系分泌较多的草酸来适应胁迫环境，草酸通过改变根际土壤pH，以及络合溶解、氧化还原等作用，增加氮元素的释放，从而增强植物根系对养分的吸收利用[50]。

成熟期不施氮肥处理和低氮处理下草酸的含量低于常氮处理，这可能是由于成熟期植株基本完成生命活动，对养分的需求减少，根系分泌的各种有机酸含量也出现下降。常二华等研究表明水稻结实期低氮或缺氮使得根系衰老加快，根系分泌能力降低，根系分泌的各种有机酸均有不同程度的减少[15]。

不施肥处理下，苗期DQ苦荞未分泌草酸，花期HF苦荞显著低于DQ苦荞，成熟期HF苦荞和DQ苦荞都未分泌草酸。不施氮肥处理下，苗期HF苦荞显著低于DQ苦荞，花期和成熟期HF苦荞和DQ苦荞之间的差异不显著。低氮和常氮处理下，苗期和花期HF苦荞显著低于DQ苦荞，不同耐瘠性作物对胁迫条件的反应具有明显差异，耐低氮品种面对胁迫环境产生的反应可能更为强烈，受低氮胁迫的影响较小，适应胁迫的能力更强。出现这种差异可能是由于耐瘠性不同，DQ 较 HF 耐瘠性强，苗期和花期阶段苦荞生长旺盛，需要大量养分，低氮环境下耐低氮品种具有明显的生长优势，根系具有较高的活力，根系分泌物逐渐增多，草酸浓度增加，从而增加土壤中氮素的移动性和溶解度，提高对养分的利用，满足自身的生长需求。研究表明，低氮环境在一定程度上可以促进耐氮品种根系生长，不耐低氮品种受低氮胁迫的影响更大。成熟期 HF 苦荞显著高于 DQ 苦荞。MJ 处理下，HF 苦荞在苗期和花期分泌草酸，在成熟期不再分泌草酸；DQ 苦荞在苗期未分泌草酸，在花期和成熟期分泌草酸。

苗期和花期，DQ 苦荞的土壤含水量均低于 HF 苦荞，同一处理下两种苦荞均表现为低氮处理土壤含水量最低，这可能是由于耐氮强的苦荞受低氮胁迫可以通过促进主根伸长进而增加根系的吸收范围[51]，提高根系对土壤水分的吸收能力，同时溶解在土壤水分中的养分随根系对水分的吸收进入苦荞植株供其生长发育，而且通过吸收大量水分进行植物光合作用可以更好地适应低氮胁迫。

花期和成熟期两种苦荞的酒石酸表现为与氮素含量呈正相关，即随着氮素含量增加而升高。研究表明当氮素浓度增加时，苹果酸、丁二酸的含量会随之增加，可能是因为这两种有机酸是氮素供应状况的两种指示酸。

N1 处理下 DQ 苦荞分泌的酒石酸含量在花期和成熟期均显著高于 HF。因此，不同植物根系分泌的各种有机酸含量的差异可能是植物营养效率基因型差异的表征。花期 HF 苦荞在 CK2、N1 和 N2 处理下检测到甲酸，并且甲酸表现为与氮素含量呈正相关，即随着氮素含量增加而升高。研究表明当氮素浓度增加时，苹果酸、丁二酸的含量会随之增加，可能是因为这两种有机酸是氮素供应状况的两种指示酸。关强等研究表明，在缺乏营养元素或不施肥情况下，水稻根系分泌的有机酸总量会降低，说明施用有机物对水稻根系分泌有机酸是有利的[27]。

苗期和花期两种苦荞在 N2 处理下均检测到甲酸，苗期两个品种之间无显著差异，花期 HF 苦荞显著高于 DQ 苦荞（$P<0.05$）。不同植物根系分泌的各种有机酸含量的差异可能是植物营养效率基因型差异的表征。

除甲酸外，其余酸均与含水量之间呈负相关性，即根际土壤中有机酸浓度与苦荞耗水量呈正相关，说明植物吸收水分的多少与分泌有机酸的含量有一定的关系；除丙酸和草酸外，其余酸与 pH 之间呈负相关，这是由于根系分泌的有机酸使得土壤中 H^+ 的浓度增高，从而降低了根际土壤的 pH；几种有机酸均与铵态氮、硝态氮呈正相关性，说明这几种有机酸对土壤中有效氮素的释放起到了较大的作用，有研究表明分泌有机酸会促进根际土壤区域微生物以及酶的活性，使得根际土壤区域的养分含量有所增加。而根系分泌的低分子量有机酸可以为土壤微生物提供必要的碳源和能源，有利于促进土壤有机化合物的分解以及矿化作用，释放有效养分，供植物吸收利用，促进植物生长发育。

所有酸均与含水量之间呈负相关性，说明有机酸的分泌确实会使土壤含水量减少；草酸与全钾之间呈负相关，与速效钾之间呈正相关，有研究表明籽粒苋根系分泌物对含钾矿物有明显的解钾作用，其中草酸含量与根系分泌物解钾量显著相关，籽粒苋的草酸分泌能力是籽粒苋高效吸收利用土壤钾及富钾特性的重要机理之一，因此苦荞根系分泌的草酸可以将土壤中的全钾分解转化为速效钾。

成熟期几种有机酸相关性加强，几种有机酸与速效养分之间均表现为正相关，成熟期氮素供应能力均较弱，因此分泌的有机酸浓度也相对降低，一方面有机酸的分泌可能促进了土壤中有效养分的释放，另一方面植物分泌有机酸也可能会受到氮素供应能力的影响。

参考文献

[1] 陈伟，崔亚茹，杨洋，等．苦荞根系分泌有机酸对低氮胁迫的响应机制[J]．土壤通报，2009，50（1）：149-156.

[2] 赵宽，周葆华，马万征，等．不同环境胁迫对根系分泌有机酸的影响研究进展［J］．土壤，2016，48（2）：235－240.

[3] 陈伟，杨洋，崔亚茹，等．低氮对苦荞苗期土壤碳转化酶活性的影响［J］．干旱地区农业研究，2019，37（4）：132－138.

[4] 肖靖秀，郑毅，汤利．小麦-蚕豆间作对根系分泌低分子量有机酸的影响［J］．应用生态学报，2014，25（6）：1739－1744.

[5] 刘宇鹏，郑璞，孙志浩．采用离子排斥色谱法分析发酵液中的琥珀酸等代谢产物［J］．食品与发酵工业，2006，32（12）：119－123.

[6] 刘露奇．不同发育阶段杉木人工林生态系统有机酸研究［D］．福州：福建农林大学，2013.

[7] 沈宏严．根分泌物研究现状及其在农业与环境领域的应用［J］．生态与农村环境学报，2000（3）：51－54.

[8] 何冰，薛刚，张小全，等．有机酸对土壤钾素活化过程的化学分析［J]．土壤，2015，47（1）：74－79.

[9] Neumann G，Massonneau A，Martinoia E，et al. Physiological adaptations to phosphorus deficiency during proteoid root development in white lupin［J］. Planta，1999，208（3）：373－382.

[10] Baetz U，Martinoia E. Root exudates：the hidden part of plant defense［J］. Trends in Plant Science，2013，19（2）：90－98.

[11] 陈凯，马敬，曹一平，等．磷亏缺下不同植物根系有机酸的分泌［J］．中国农业大学学报，1999（3）：58－62.

[12] 俞元春，余健，房莉，等．缺磷胁迫下马尾松和杉木苗根系有机酸的分泌［J］．南京林业大学学报：自然科学版，2007，31（2）：9－12.

[13] Ohwaki Y，Hirata H. Differences in carboxylic acid exudation among P－starved leguminous crops in relation to carboxylic acid contents in plant tissues and phospholipid level in roots［J］. Soil Science and Plant Nutrition，1992，38（2）：235－243.

[14] 张子义，伊霞，胡博，等．缺氮条件下燕麦根轴细胞的程序性死亡［J]．中国农学通报，2010（8）：175－117.

[15] 常二华，张耗，张慎凤，等．结实期氮磷营养水平对水稻根系分泌物的影响及其与稻米品质的关系［J］．作物学报，2007，33（12）：1949－1959.

[16] 徐国伟，李帅，赵永芳，等．秸秆还田与施氮对水稻根系分泌物及氮素

利用的影响研究 [J]. 草业学报，2014，23 (2)：140-146.
[17] 张俊英，王敬国，许永利，等. 氮素对不同大豆品种根系分泌物中有机酸的影响 [J]. 植物营养与肥料学报，2007，13 (3)：398-403.
[18] 汪建飞，沈其荣. 有机酸代谢在植物适应养分和铝毒胁迫中的作用 [J]. 应用生态学报，2006，17 (11)：2210-2216.
[19] 李灿雯，王康才，吴健，等. 氮素形态对半夏生长及生物碱和总有机酸累积的影响 [J]. 植物营养与肥料学报，2012，18 (1)：256-260.
[20] Lasa B，Frechilla S，Aparicio-Tejo P M，et al. Alternative pathway respiration is associated with ammonium ion sensitivity in spinach and pea plants [J]. Plant Growth Regulation，2002，37 (1)：49-55.
[21] 董艳，董坤，杨智仙，等. 间作减轻蚕豆枯萎病的微生物和生理机制 [J]. 应用生态学报，2016，27 (6)：1984-1992.
[22] 涂书新，郭智芬，孙锦荷. 富钾植物籽粒苋根系分泌物及其矿物释钾作用的研究 [J]. 核农学报，1999，13 (5)：305-311.
[23] 陆文龙，王敬国. 低分子量有机酸对土壤磷释放动力学的影响 [J]. 土壤学报，1998，35 (4)：493-500.
[24] Dinkelaker B，Rmheld V，Marschner H. Citric acid excretion and precipitation of calcium citrate in the rhizosphere of white lupin (*Lupinus albus* L.) [J]. Plant Cell and Environment，2010，12 (3)：285-292.
[25] 陈龙池，廖利平，汪思龙，等. 根系分泌物生态学研究 [J]. 生态学杂志，2002，21 (6)：57-62.
[26] 宋金凤，杨迪，马瑞，等. 养分和水分胁迫下 2 年生落叶松根系有机酸的分泌行为研究（英文） [J]. Agricultural Science and Technology，2014，15 (6)：1015-1019.
[27] 关强，蒲瑶瑶，张欣，等. 长期施肥对水稻根系有机酸分泌和土壤有机碳组分的影响 [J]. 土壤，2018，50 (1)：115-21.
[28] 林琦，陈怀满. 根际环境中镉的形态转化 [J]. 土壤学报，1998，35 (4)：461-467.
[29] 钱莲文，李清彪，孙境蔚，等. 铝胁迫下常绿杨根系有机酸和氨基酸的分泌 [J]. 厦门大学学报：自然科学版，2018，57 (2)：221-227.
[30] Mori S，Nishizawa N，Kawai S，et al. Dynamic state of mugineic acid and analogous phytosiderophores in Fe-deficient barley [J]. Journal of Plant Nutrition，1987，10 (9-16)：1003-1011.

[31] Koeppe D E, Southwick L M, Bittell J E. The relationship of tissue chlorogenic acid concentrations and leaching of phenolics from sunflowers grown under varying phosphate nutrient conditions [J]. Canadian Journal of Botany, 1975, 54 (7): 593-599.

[32] 焦浩. 三种外源酸类物质对大豆种子萌发及幼苗生长的影响 [D]. 哈尔滨：哈尔滨师范大学，2015.

[33] Kochian L V. Cellular mechanism of aluminum toxicity and resistance in plants [J]. Annual Review of Plant Biology, 1995, 46: 675-681.

[34] Ryan P R, Delhaize E, Randall P J. Malate efflux from root apices and tolerance to aluminium are highly correlated in wheat [J]. Functional Plant Biology, 1995, 22 (4): 531-536.

[35] Günter N, Agnès M, Nicolas L, et al. Physiological aspects of cluster root function and development in phosphorus-deficient white lupin (*Lupinus albus* L.) [J]. Annals of Botany, 2000 (6): 909-919.

[36] 吴林坤，林向民，林文雄. 根系分泌物介导下植物-土壤-微生物互作关系研究进展与展望 [J]. 植物生态学报，2014，38 (3)：298-310.

[37] 朱凯，武雪萍，李文璧，等. 施用苹果酸对烤烟氮代谢的影响 [J]. 植物营养与肥料学报，2007，13 (4)：695-699.

[38] 李德华，向春雷，姜益泉，等. 低磷胁迫下水稻不同品种根系有机酸分泌的差异 [J]. 中国农学通报，2005，21 (11)：186-188.

[39] 史刚荣. 植物根系分泌物的生态效应 [J]. 生态学杂志，2004，23 (1)：97-101.

[40] 赵丹丹，杨贝贝，龚璞，等. 外源丙酸对干旱胁迫下小麦氮代谢和产量的影响 [J]. 麦类作物学报，2017，37 (8)：1120-1128.

[41] 赵振华，黄巧云，陈雯莉，等. 几种低分子量有机酸、磷酸对土壤胶体和矿物吸附酸性磷酸酶的影响 [J]. 中国农业科学，2002，35 (11)：1375-1380.

[42] Wasay S A, Barrington S, Tokunaga S. Organic Acids for the In Situ Remediation of Soils Polluted by Heavy Metals: Soil Flushing in Columns [J]. Water, Air, and Soil Pollution, 2001, 127 (1): 301-314.

[43] 李振侠，徐继忠，高仪，等. 苹果砧木 SH40 和八棱海棠缺铁胁迫下根系有机酸分泌的差异 [J]. 园艺学报，2007，34 (2)：279-282.

[44] 齐泽民，卿东红. 根系分泌物及其生态效应 [J]. 内江师范学院学报，

2005，20 (2)：68 - 74.

[45] 张振海，陈琰，韩胜芳，等．低磷胁迫对大豆根系生长特性及分泌 H^+ 和有机酸的影响 [J]．中国油料作物学报，2011，33 (2)：135 - 140.

[46] 罗燕，樊卫国．不同施磷水平下 4 种柑橘砧木的根际土壤有机酸、微生物及酶活性 [J]．中国农业科学，2014，47 (5)：955 - 967.

[47] 张楚，张永清，路之娟，等．苗期耐低氮基因型苦荞的筛选及其评价指标 [J]．作物学报，2017，43 (8)：1205 - 1215.

[48] 赵文杰，张丽静，畅倩，等．低磷胁迫下豆科植物有机酸分泌研究进展 [J]．草业科学，2011，28 (6)：1207 - 1213.

[49] 郑有飞，石春红，吴芳芳，等．大气臭氧浓度升高对冬小麦根际土壤酶活性的影响 [J]．生态学报，2009，29 (8)：4386 - 4391.

[50] 王妍，郑文静，刘志恒，等．辽宁省水稻主栽品种抗瘟基因型鉴定及抗性新基因定位 [J]．北京：中国植物病理学会 2012 年学术年会论文集，2012：513.

[51] 路之娟，张永清，张楚，等．不同基因型苦荞苗期抗旱性综合评价及指标筛选 [J]．中国农业科学，2017，50 (17)：3311 - 3322.

图书在版编目（CIP）数据

黄土丘陵沟壑区苦荞种植对土壤低氮胁迫的响应 / 陈伟著 . —北京：中国农业出版社，2022. 12

ISBN 978-7-109-29911-5

Ⅰ. ①黄…　Ⅱ. ①陈…　Ⅲ. ①黄土高原—荞麦—土壤—氮循环—研究　Ⅳ. ①S517. 06

中国版本图书馆 CIP 数据核字（2022）第 158096 号

中国农业出版社出版

地址：北京市朝阳区麦子店街 18 号楼

邮编：100125

责任编辑：魏兆猛　史佳丽

版式设计：杜　然　　责任校对：张雯婷

印刷：北京印刷一厂

版次：2022 年 12 月第 1 版

印次：2022 年 12 月北京第 1 次印刷

发行：新华书店北京发行所

开本：880mm×1230mm　1/32

印张：4. 25

字数：120 千字

定价：35. 00 元
